生命の科学

くらしと健康の化学・生化学

Chemistry and Biochemistry for Life

芝崎　誠司
Seiji Shibasaki

JN028839

三共出版

はじめに

　近頃，文系，理系を分け隔てなく学び，横断的な知識の獲得を目指す「文理融合」という言葉を目にする機会が多くなりました。現代ほど自然科学研究の成果が社会に反映された時代はなく，人文・社会分野との一体化は当然の流れですが，どのように「文理融合」するのかはまだ途上にあるように思います。なかでも多くの人が関心を寄せる生命科学の分野は，材料，食品，医学などの領域と直結しているので，日々新しい情報に接する機会が増えています。私たちは普段の暮らしのなかで，何らかの形で科学技術の成果に触れ，実感しています。これらの背景となる科学的な知識を増やし，文理を相互に結びつけて関連性を理解するには，隣接する分野を網羅的に学ぶことも重要です。しかし，まずは順を追って基礎となる用語や知識を増やしていくのが，科学の本質を理解する近道かと思われます。

　現代の生命科学は，化学や生物学が基本となっています。本書は，これらの科目を学ぶ機会があまり多くなかった文系の方や，これから初めて生命科学系，医療系分野を専攻してみようという方のための入門書として企画されました。生命科学やその関連分野を学ぶための，「とっかかり」としての書籍を目指しています。ややもすると「生物学」よりも敬遠されがちな「化学」の領域に軸足をおくことで，サブタイトルにある「くらしと健康」をよりクローズアップし，深く知ることができると考えています。

　化学の専門外の方はもちろん，社会人の方，すでにリタイヤされた方，学生時代の復習をしてみたいという方にも，ぜひ手に取っていただければと思います。また，途中で飽きることがないよう，身近で注目度の高いキーワードを中心に紹介し，背景となる基礎知識をわかりやすいイラストとともに伝えることを心がけました。なかには，「化学式」が少ない化学の本だと感じられるかもしれませんが，そこには，構造式や数式の理解に時間をかけすぎず，読者が本書の内容をヒントにして，自分自身で次に学んでみたいトピックを探すきっか

けにしたいとの願いも込められています。さらに関心を持った分野については，巻末の参考文献やそれらの類書を当たり，知識を深めていただければと思います。

　各章においては，初めて学ぶ方が読み進めることができるよう，注釈を付しています。ただし紙面の都合上，十分とは言えませんので，ぜひご自身で調べることにも挑戦していただければ幸いです。また，各章末に復習のための演習問題を用意しているので，読み終えてからご自身の理解の確認に活用してください。さらに，全16章のうち1章から8章までが基礎化学編（くらしの中の化学），9章以降が生化学編（健康と生化学）として編集しておりますので，1冊を通して化学の入門，さらに生化学の入門の教科書として使っていただける構成となっています。

　最後に，本書を手に取っていただいた方が，本書をきっかけにして，さまざまな現象の本質や，応用技術について広く深く理解されることを願います。そして，読後改めて，生命の科学の基礎は「生物学」だけではなく，「化学」にもあり，その重要性も感じていただければ幸いです。また，これら便宜上の「科目名」といった垣根が，本質の理解にあまり意味がないことにも気づいていただければ望外の喜びです。

2024年3月

　　　　　　　　　　　　　　　　　　　　　　　　　　　芝崎　誠司

目　　次

前編　　化学入門

1　物質の基本 ……………………………………………………………… 1

1.1　一番小さい粒子 ……………………………………………………… 1

1.2　原子の基本 …………………………………………………………… 2

1.3　分　子 ………………………………………………………………… 5

1.4　ナノの世界〜1ミリの100万分の1，ナノ世界 ……………………… 6

1.5　結合のチカラ ………………………………………………………… 7

1.6　酸化と還元 …………………………………………………………… 8

1.7　同じものの連結（重合反応） ……………………………………… 9

1.8　化学構造の表し方 …………………………………………………… 9

　　◆まとめ◆ …………………………………………………………… 10

　　章末問題 ……………………………………………………………… 11

2　水と生命 ……………………………………………………………… 12

2.1　からだの中の水 ……………………………………………………… 12

2.2　水のふるまい ………………………………………………………… 13

2.3　水素結合 ……………………………………………………………… 13

2.4　美味しい水 …………………………………………………………… 14

2.5　溶液と濃度 …………………………………………………………… 17

2.6　浸透圧 ………………………………………………………………… 19

2.7　酸と塩基 ……………………………………………………………… 19

2.8　水と油：なぜ馴染まない？ ………………………………………… 21

2.9　ソーダ水 ……………………………………………………………… 22

　　◆まとめ◆ …………………………………………………………… 22

　　章末問題 ……………………………………………………………… 23

3 金 属 ·· 24

3.1 金属の性質 ·· 24

3.2 鉄 ·· 25

3.3 銅 ·· 26

3.4 アルミニウム ······································ 27

3.5 硬貨の合金 ·· 28

3.6 ジュラルミン ······································ 28

3.7 半導体 ·· 29

3.8 貴金属 ·· 30

3.9 レアメタル, レアアース ···························· 31

3.10 薬と金属 ·· 32

◆まとめ◆ ·· 34

章末問題 ·· 35

4 気 体 ·· 36

4.1 空気に含まれる気体 ································ 36

4.2 酸 素 ·· 37

4.3 窒 素 ·· 39

4.4 炭素を含む気体 ···································· 43

4.5 水 素 ·· 44

4.6 希ガス ·· 45

4.7 ガスボンベの色 ···································· 47

4.8 気体の性質 ·· 47

◆まとめ◆ ·· 50

章末問題 ·· 51

5 食 品 ·· 52

5.1 味と味覚 ·· 52

5.2 嗅覚とにおい分子 ·································· 56

5.3 食品の機能成分 ···································· 58

5.4　食品における化学反応 ……………………………………… 60

5.5　調味料 ……………………………………………………… 61

5.6　保　存 ……………………………………………………… 62

　　◆まとめ◆ …………………………………………………… 63

　　章末問題 ……………………………………………………… 64

6　生活の中の素材〜合成品と天然物 ……………………… 65

6.1　天然物と合成品 …………………………………………… 65

6.2　高分子とは ………………………………………………… 66

6.3　繊　維 ……………………………………………………… 66

6.4　石けん，シャンプーなど ………………………………… 71

6.5　プラスチック ……………………………………………… 74

6.6　情報，音楽 ………………………………………………… 76

　　◆まとめ◆ …………………………………………………… 78

　　章末問題 ……………………………………………………… 79

7　微生物と物質 ……………………………………………… 80

7.1　微生物と人のかかわり …………………………………… 80

7.2　分　類 ……………………………………………………… 81

7.3　発酵と腐敗 ………………………………………………… 84

7.4　バイオ燃料 ………………………………………………… 86

7.5　微生物と病気 ……………………………………………… 89

　　◆まとめ◆ …………………………………………………… 93

　　章末問題 ……………………………………………………… 94

8　薬と毒 ……………………………………………………… 95

8.1　毒と薬の関係 ……………………………………………… 95

8.2　薬の動き …………………………………………………… 96

8.3　医薬品の分類 ……………………………………………… 97

8.4　ジェネリックとは ………………………………………… 98

8.5　お酒は毒か薬か ……………………………………………………………… 98

8.6　天然ならびに人工の毒物 ………………………………………………… 101

　　◆まとめ◆ ……………………………………………………………………… 104

　　章末問題 …………………………………………………………………………… 105

後編　　生化学入門

9　代謝とホメオスタシス ……………………………………………………… 106

9.1　からだの化学 ………………………………………………………………… 106

9.2　代　謝 ………………………………………………………………………… 110

9.3　物質の出入り ………………………………………………………………… 114

9.4　体調が一定であることの仕組み ……………………………………… 116

　　◆まとめ◆ ……………………………………………………………………… 124

　　章末問題 …………………………………………………………………………… 125

10　アミノ酸・タンパク質 ……………………………………………………… 126

10.1　アミノ酸の特徴と種類 …………………………………………………… 126

10.2　タンパク質の分類 ………………………………………………………… 130

10.3　タンパク質の姿を語る 4 段階 ………………………………………… 131

10.4　タンパク質の変性 ………………………………………………………… 134

　　◆まとめ◆ ……………………………………………………………………… 135

　　章末問題 …………………………………………………………………………… 136

11　酵　素 ……………………………………………………………………………… 137

11.1　酵素は何者か ………………………………………………………………… 137

11.2　酵素の基本的性質 ………………………………………………………… 138

11.3　酵素が機能する条件 ……………………………………………………… 140

11.4　酵素の阻害剤 ………………………………………………………………… 143

11.5　酵素活性の制御 …………………………………………………………… 144

11.6　診断に用いられる酵素 …………………………………………………… 145

11.7　酵素を用いた医薬品，日用品 ……………………………… 146

11.8　酵素活性に必要な因子 ………………………………………… 147

11.9　ビタミン ………………………………………………………… 148

　　◆まとめ◆ ………………………………………………………… 153

　　章末問題 …………………………………………………………… 154

12　糖　　質 ……………………………………………………… 155

12.1　糖質の分類 ……………………………………………………… 155

12.2　糖質の体内でのゆくえ～糖質代謝 ………………………… 158

12.3　糖質代謝が関係する病気 ……………………………………… 166

　　◆まとめ◆ ………………………………………………………… 169

　　章末問題 …………………………………………………………… 170

13　脂　　質 ……………………………………………………… 171

13.1　脂質の分類 ……………………………………………………… 171

　13.1.1　単純脂質 …………………………………………………… 171

　13.1.2　複合脂質 …………………………………………………… 174

13.2　脂質の代謝 ……………………………………………………… 177

13.3　ミトコンドリアでの脂質燃焼とエネルギー～β酸化 ……… 179

13.4　生理活性物質 …………………………………………………… 180

13.5　ケトン体の生成 ………………………………………………… 180

13.6　コレステロールの生成 ………………………………………… 181

13.7　胆汁酸 …………………………………………………………… 182

13.8　リポタンパク質の代謝 ………………………………………… 183

13.9　脂質代謝異常 …………………………………………………… 184

　　◆まとめ◆ ………………………………………………………… 185

　　章末問題 …………………………………………………………… 186

14　タンパク質 …………………………………………………… 187

14.1　タンパク質の消化と吸収 ……………………………………… 187

x

14.2　アミノ酸の変化 ……………………………………… 187

14.3　生理活性物質の生成 …………………………………… 190

14.4　尿素回路 ………………………………………………… 193

14.5　エネルギー源としてのタンパク質 …………………… 194

14.6　アミノ酸代謝異常 ……………………………………… 195

　　　◆まとめ◆ ……………………………………………… 196

　　　章末問題 ………………………………………………… 197

15　遺伝子 ……………………………………………………… 198

15.1　遺伝子と DNA ………………………………………… 198

15.2　DNA の複製 …………………………………………… 201

15.3　転写：RNA の合成 …………………………………… 203

15.4　翻　　訳 ………………………………………………… 205

15.5　が　　ん ………………………………………………… 208

　　　◆まとめ◆ ……………………………………………… 212

　　　章末問題 ………………………………………………… 213

16　医療と生化学 …………………………………………… 214

16.1　酵素を用いた診断 ……………………………………… 214

16.2　栄養素・代謝物による診断 …………………………… 215

16.3　遺伝子の診断 …………………………………………… 218

16.4　再生医療 ………………………………………………… 221

16.5　遺伝子情報と医薬品 …………………………………… 222

　　　◆まとめ◆ ……………………………………………… 224

　　　章末問題 ………………………………………………… 225

参考文献 ………………………………………………………… 226

章末問題解答 …………………………………………………… 227

索　引 …………………………………………………………… 234

物質の基本

　私たちが暮らしている中で，自分自身の体の成分，身の回りのさまざまなモノの性質に疑問を持つことがこれまで何度もあったことと思います。肉眼で見える，見えないに関わらず，物質には共通な部分と，それぞれが持つ固有の性質があります。まずは，物質に共通に見られる成分である基本単位（パーツ）の原子や分子といった，粒子について理解したいと思います。

◆この章で学ぶこと
1　一番小さい粒子は原子？
2　分子を作る力〜化学結合
3　放射性同位体と放射線
4　物質の変化のしくみ

1.1　一番小さい粒子

　今，目の前にりんごがあり，もしも，どこまでも細かく切れるナイフが使えるとします。目に見えなくなっても細かく切り刻むことを続けると，どこかで終わりがあると考えられます。もうそれ以上分割できないところに現れた粒子，それが**原子**（atom）なのです（図 1.1）。現在原子の種類は 100 以上確認されていますが，共通した構造を持っています（1.2 節）。

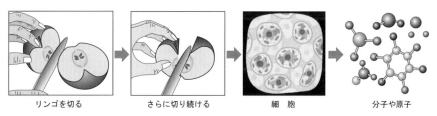

| リンゴを切る | さらに切り続ける | 細　胞 | 分子や原子 |

図 1.1　水素原子と酸素原子の構造
原子は実際には平面ではありません。立体的で球に近いと考えて下さい。

　また原子を，その大きさによって小さい順から並べていくと，周期ごとに似た性質のものが「族」とよばれる縦の「列」に現れることが知られています。これを周期律といいます。この周期律によって原子を並べた表のことを**周期表**（periodic table）といいます（図 1.2）。

	1	2											13	14	15	16	17	18
①	1 H																	2 He
②	3 Li	4 Be											5 B	6 C	7 N	8 O	9 F	10 Ne
③	11 Na	12 Mg											13 Al	14 Si	15 P	16 S	17 Cl	18 Ar
④	19 K	20 Ca	21 Sc	22 Ti	23 V	24 Cr	25 Mn	26 Fe	27 Co	28 Ni	29 Cu	30 Zn	31 Ga	32 Ge	33 As	34 Se	35 Br	36 Kr
⑤	37 Rb	38 Sr	39 Y	40 Zr	41 Nb	42 Mo	43 Tc	44 Ru	45 Th	46 Pd	47 Ag	48 Cd	49 In	50 Sn	51 Sb	52 Te	53 I	54 Xe
⑥	55 Cs	56 Ba	57〜71	72 Hf	73 Ta	74 W	75 Re	76 Os	77 Ir	78 Pt	79 Au	80 Hg	81 Tl	82 Pb	83 Bi	84 Po	85 At	86 Rn
⑦	87 Fr	88 Ra	89〜103	104 Rf	105 Db	106 Sg	107 Bh	108 Hs	109 Mt	110 Ds	111 Rg	112 Cn	113 Nh	114 Fl	115 Mc	116 Lv	117 Ts	118 Og

図 1.2　原子の重さの順に並べた番付「周期表」

横の並び（①〜⑦）が周期番号です。

1.2　原子の基本

　原子の中身は，実はさらに小さな粒子でできています。プラスの電気を帯びた**陽子**（proton）からなる核と，その周りを回っているマイナスの電気を帯びた**電子**（electron）です。周期表の番号が 1 つ増えると，陽子と電子が 1 つずつ増えます。図 1.2 のように中心に原子核，その周りを電子が飛び回っています（図 1.3）。

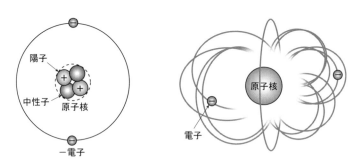

図 1.3　ヘリウムの原子の構造

左：陽子と電子の数は常に等しい。右：電子は平面ではなく立体的な空間を飛び回っている。

═══ **イオン** ═══

　原子核は陽子（proton）という粒子と中性子（neutron）という粒子を含み，原子の重さはこの 2 種類で決まります。中性子が増えても電気的なバランスには変化がなく，電子（マイナス）の数と陽子（プラス）の数は常に釣り合っています。原子に含まれている電子の数が増えたり減ったりしたものを**イオン**と言います。表 1.1 のように，水素原子から電子が 1 つ減ったものは水素イオン（H^+）となります。電気的に中性（ゼロ）だった水素原子が，電子を 1 つ（マイナス 1）を失った分，水素イオンにはプラス 1 が残ります。カルシウム原子がイオンになった場合は二個電子を失うことになるので Ca^{2+} となります。一方，塩素原子やヨウ素原子が余分に電子を 1 つ取り込むと，塩素イオン（塩化物イオン）Cl^-，ヨウ素イオン I^- となります。

表 1.1　イオンの例

原子		陽イオン		原子，分子		陰イオン	
H	水素	H^+	水素イオン	F	フッ素	F^-	フッ素イオン
Na	ナトリウム	Na^+	ナトリウムイオン	Cl	塩素	Cl^-	塩素イオン
K	カリウム	K^+	カリウムイオン	O	酸素	O^{2-}	酸素イオン
Ca	カルシウム	Ca^{2+}	カルシウムイオン	I	ヨウ素	I^-	ヨウ素イオン
Cu	銅	Cu^{2+}	銅イオン	H_3PO_4	リン酸	PO_4^{3-}	リン酸イオン
Zn	亜鉛	Zn^{2+}	亜鉛イオン	H_2SO_4	硫酸	SO_4^{2-}	硫酸イオン
Al	アルミニウム	Al^{3+}	アルミニウムイオン	H_2CO_3	炭酸	CO_3^{2-}	炭酸イオン

═══ **同位体** ═══

　原子のうち，陽子の数（＝原子番号）が同じで，中性子数が異なるものがあり，これを**同位体**といいます。例えば，水素では，^1H（中性子 0），^2H（中性子 1），^3H（中性子 2）の同位体があります。^3H は三重水素（トリチウム）ともいい，放射線を出す同位体なので，**放射性同位体**とよばれます。

　炭素の同位体は ^{12}C, ^{13}C, ^{14}C があります。このうち，^{14}C だけは放射線を出す性質があるため，炭素の放射性同位体となります。地球に降り注ぐ宇宙線によって ^{14}C が生成しますが，その後，5700 年かけて半減する（**半減期**という）ことが知られ，環境中では一定量が存在しています。炭素同位体の自然界での存在比率は

$$^{12}\text{C} : {}^{13}\text{C} : {}^{14}\text{C} \quad = \quad 0.99 : 0.01 : 1.2 \times 10^{-12}$$

で，^{14}C が持つ半減期を使って，考古学における年代測定が行われます（図1.4）。環境中における同位体の存在比率は上記の通りですが，動植物が死んで炭素の取り込みがストップすると，その時点から，時間の経過とともに ^{14}C は放射線（β線）を出しながら減少します。その減少量から時間の経過を逆算することができます。

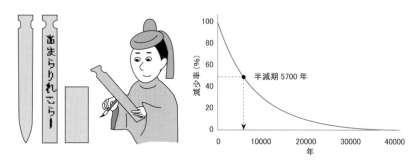

図1.4　この木簡はいつ頃にできたものか？　放射性元素（^{14}C）の量から算出

=== 放射線 ===

放射線には主として α 線，β 線，γ 線の 3 種類があり，エネルギーの強さは異なります（表1.2）。他に中性子線や陽子線などがあります。また，放射性同位体が α 線または β 線を放出すると，異なる種類の原子に変化し，これを**放射性壊変**といいます（4.6 節参照）。

表1.2　放射線の特徴

放射線	実　体	放射線を遮蔽できるもの
α 線	ヘリウム原子	紙 1 枚
β 線	電子	厚さ数 mm のアルミニウム板
γ 線	電磁波	厚さ数 cm の鉛版

=== 元素と元素記号 ===

ここまで，原子という言葉を使ってきました。よく似た言葉に，元素（element）があり，その違いを確認しておきましょう。炭素には ^{12}C，^{13}C，^{14}C という種類の異なる原子があります。いずれも二酸化炭素（CO_2），グルコース（$C_6H_{12}O_6$）などに含まれ，酸素と結びつきやすいという共通の化学的性質をもつこれらの

炭素は，陽子数が同じ原子で，炭素元素と呼ばれます。周期表の記号は元素記号と呼ばれ，化学成分（原子）ごとに整理しています。このように炭素元素 C といった場合，そこには ^{12}C, ^{13}C, ^{14}C を含んでいるのです。同一元素と見なされる原子では陽子の数（＝原子番号）が同じということになります。ちなみに元素記号のアルファベットは，一文字の場合は大文字，二文字の場合は 2 つ目を小文字で書くというルールがあります。

$$^{20}Ne \quad ^{21}Ne \quad ^{22}Ne$$

図 1.5　ネオン元素の同位体

ふた文字目は小文字で書きます。"NE" とは書きません。左上の数字は陽子と中性子の数の合計（質量数）

1.3　分子

原子を組み合わせることで分子（molecule）ができます。

私たちの体を含め，身の回りのものの多くは，特定の原子が集まった分子でできています。例えば，水の分子（H_2O）の場合，酸素原子 1 つに水素原子 2 つが結合しています（図 1.6）。

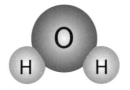

図 1.6　水の分子構造

同じ種類の原子同士が集まることもあるし，複数の種類の原子の組み合わせで分子ができます。また，同じ原子を用いた組み合わせでも，比率が変わると性質の異なる別の分子になります。例えば，水は水素と酸素から成り立ち，水素：酸素＝ 2：1 の割合で成り立っています。同じく水素と酸素を含む過酸化水素（オキシドールの成分）は H_2O_2 と表わされ，水素と酸素原子から成り立ち，水素：酸素＝ 2：2 となっています。過酸化水素は血液や組織と接触すると，そこに存在する酵素（カタラーゼ）の働きにより酸素が生成し，その泡には洗

浄作用があるとされ，他に漂白剤や酸化剤としても用いられます。

コラム1 原子力発電所の処理水について

　水の化学式は H_2O ですが，水素の同位体は軽水素（H），重水素（D），三重水素（T）の3種類あるので，水分子に関してもそれぞれを含む水の種類が存在します。原子炉の冷却に用いている水に含まれる D が，中性子を吸収すると T を生成し，トリチウム水となります。

コラム2 放射線治療

　放射線の吸収線量を表すのに，Gy（グレイ）という単位が用いられます。がんの放射線治療のうち，病巣に対して2方向以上から照射する多門照射では正常組織への線量を低減できます。

1.4　ナノの世界〜1ミリの100万分の1，ナノ世界

　原子はふつうの顕微鏡では見ることができないくらい小さく，ナノメートルとよばれるサイズです。これは1メートルを1,000,000,000分の1にした大きさです。10^{-9} を**ナノ**（nano）といいいます。1 m の1,000分の1はミリメートルで 10^{-3} を**ミリ**（milli）といいます。その間のマイクロメートルは1,000,000分の1メートルを示し，10^{-6} を**マイクロ**（micro）といいます。マイクロメートルは細胞レベル，微生物（microorganism）の世界で，ふつうの顕微鏡でようやく

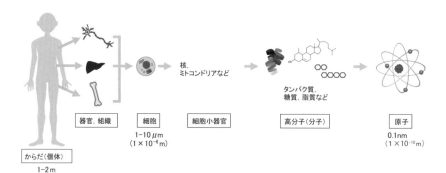

図1.7　物質のスケールについて

観察できます (図 1.7)。倍数に関する接頭語には 3 桁ずつ決められていることが多く，表 1.3 のようなものが世界的に使われています。化学だけでなく，情報通信の分野でも G (ギガ) や M (メガ) といった接頭語がよく使われています。

表 1.3　数の接頭辞

	ギリシャ語	カタカナ表記	記号
10^{12}	tera	テラ	T
10^{9}	giga	ギガ	G
10^{6}	mega	メガ	M
10^{3}	kilo	キロ	k
10^{-1}	deci	デシ	d
10^{-2}	centi	センチ	c
10^{-3}	milli	ミリ	m
10^{-6}	micro	マイクロ	μ
10^{-9}	nano	ナノ	n
10^{-12}	pico	ピコ	p

1.5　結合のチカラ

　原子，分子，イオンなどの小さい粒子に，それぞれを結合 (Bond) させるチカラが働きます。

(1) 共有結合

　原子と原子が，それぞれ電子を出し合うことで結合する場合，これを**共有結合**といいます。図 1.6 の H_2O は，H と O がそれぞれ電子を共有しています。

(2) イオン結合

　1 つの原子において，陽子 (＋) の数と電子 (－) の数は同じです。しかし，電子を 1 つ失うと，陽子の数の方が多くなり，原子がプラスの電気を帯びることになります。これを**陽イオン**といいます。反対に，原子が電子を余分に取り込んだ場合，その原子はマイナスの電気を帯びることになり，**陰イオン**となります。これらの，陽イオンと陰イオンの間に働く引力による結合を**イオン結合**といいます。

(3) 金属結合

　金属を構成している原子は**金属原子**と呼ばれます。金属原子に含まれる原子

が電子を出し合い，金属全体で電子を共有することで結合しており，これを**金属結合**といいます (3 章参照)。

(4) ファンデルワールス力

電気的に中性である分子間に働く，弱い力を**ファンデルワールス力**といいます。分子同士が近づくことで，内部に一時的に生じたプラス，マイナスによって引き合う力です。ヤモリの足と天井の壁の間にもこの力が働いています。また，サランラップが食器にピッタリくっつくのもこの力を応用しています。ポリ塩化ビニリデンの塩素はマイナスの電気を引き寄せやすいので，ラップをかけると，食器のプラスの電気の部分と引き合います。食器の表面が平らなものほどこの力が働く箇所が増えるので，ラップがくっつきやすくなります。

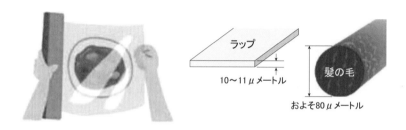

図 1.8　食品用ラップにはたらくファンデルワールス力

1.6　酸化と還元

「還元セール」のようなメッセージ，どこかで見たことがあるのではないでしょうか。儲かっているお店が，お客様に利益を還元するということですね。いつも頂いている利益分の "お金" をお返しします (お客様の元に戻す)，と言うことです。

物質が変化する時にも，同じようなことが起きます。ただし，"お金" ではなく "酸素" を使って行われ，**酸化** (oxidation) とよばれる反応と，**還元** (reduction) と呼ばれる反応があります。よく知られている，銅 (Cu) の酸化反応は次のように書きます。

$$2Cu + O_2 \longrightarrow 2CuO$$

酸化銅 (CuO) を炭素 (炭の粉) と混ぜて加熱すると，酸素が外れて銅に戻

ります。酸素が外れる反応は還元反応とよばれます。

$$2CuO + C \longrightarrow 2Cu + CO_2$$

物質の変化の多くは，このような酸素をつけたり，外したりといった，酸化反応，還元反応によって進みます。

1.7 同じものの連結（重合反応）

同じ分子が繰り返し連結された高分子のことを**ポリマー**（Polymer）と言います。天然にはデンプンは，ブドウ糖がたくさん連結した代表的なポリマーです。人工的に作った高分子材料であるポリエチレン，ポリプロピレンなどは，エチレン，プロピレンという一つ一つの分子（**モノマー**）同士が連結してできた分子です。一般に，ポリ袋，ポリバケツは，ポリエチレンでできていることが多いです。

ポリマー　　　　　　　　　　　　　　　　　　　　　　　　　**モノマー**

でんぷん：〈ぶどう糖〉−〈ぶどう糖〉−〈ぶどう糖〉・・・・・・・・ブドウ糖

ポリエチレン：[エチレン]−[エチレン]−[エチレン]・・・・・・・・エチレン

1.8 化学構造の表し方

原子については，元素記号を用いてアルファベット一文字または二文字で記すことができますが，分子については原子の組み合わせなので，含まれる原子が多くなるほど複雑になります。そこで，表記をなるべくシンプルにする工夫があります。一番簡単なのは，含まれている各原子の記号と数で表した式です（例：H_2O, C_2H_5OH など）。水 H_2O については構造についても簡単に表すことができます（図 1.6）。しかし，ベンゼン C_6H_6 やエタノール C_2H_5OH のように，構成原子の数が多くなると，構造の表記が複雑になります。そこで以下の化学式のうち，右のように線や多角形で分子を表記する方法も使われています。この場合，水素と炭素を表すアルファベットは省略され，頂点や線の端に炭素が存在していると考えます。また炭素は他の原子と結合できる手が 4 つあると考えるので，ベンゼンの炭素はそれぞれ H を 1 つ，エタノールの炭素は 3 つまたは 2 つの水素を結合していると理解します。

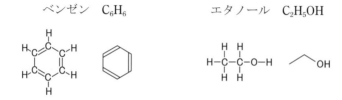

ベンゼン　C_6H_6　　　　　　エタノール　C_2H_5OH

炭素原子は結合できる手の数が 4，窒素は 3，酸素は 2，水素は 1 ということ
を覚えておく必要があります（13 章，図 13.1 参照）。

―――◆まとめ◆―――

＊本書では物質の種類を分類する場合は，原子を最小単位として進めます。

＊原子同士を結びつける化学結合にはいくつかの種類があります。

＊放射性同位体は放射線を出すことで，原子の種類が変わることがありま
　す。

＊代表的な化学反応に「酸化還元反応」や「重合反応」があります。

◆章末問題◆

【1】文章中の空欄に入る適切な語句を答えよ。

(1) 原子の中心には（　A　）と（　B　）を含む原子核があり，その周りを（　C　）が飛び回っている。

(2) 原子を大きさの順に並べた表を（　　）という。

(3) ナノとは 10 のマイナス（　A　）乗であり，1000 nm は（　B　）μm でもある。

(4) 1000 μm は（　A　）m であり，（　B　）mm でもある。

(5) 共有結合は原子同士が（　　）を共有することによって結合である。

(6) ある原子の陽子の数はその（　A　）と等しく，この数が同じで質量数が異なるものを（　B　）という。

(7) でんぷんやセルロースは，グルコースが繰り返し連結した（　　）である。

(8) 重合反応で生成する分子に繰り返し含まれる単位は（　　）という。

【2】次のうち正しいものを選べ。

(1) 下記の構造の名称を答えよ。

　ヒント：ベンゼン C_6H_6，エタノール C_2H_5OH，酢酸 CH_3COOH，グルコース，シクロヘキサン C_6H_{12} のどれか（該当しない名称もあり）

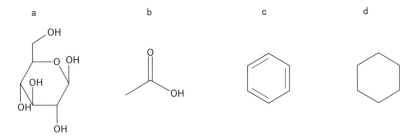

(2) 放射線療法について正しいのはどれか。（看護師 106 回 am）

　1. Gy は吸収線量を表す。

　2. 主に非電離放射線を用いる。

　3. 電子線は生体の深部まで到達する。

　4. 多門照射によって正常組織への線量が増加する。

2 水と生命

　私たちの体の半分以上は水でできています。また，地球の表面の約70%は海で覆われています。水の存在の大きさはいうまでもありませんが，本章では，水の具体的なはたらきについて理解を深めるとともに，化学的な特性についても学びます。

◆この章で学ぶこと
1　水の役割
2　水素結合
3　水溶液の酸性と塩基性について

2.1　からだの中の水

　ヒトの体重の約60%を水が占めています。赤ちゃんの場合は80%近くが水分です。毎日食事から摂取する栄養は，消化液で分解されますが，その消化液も水を含んでいます。からだの中に入ってきた栄養素は，水を主成分とする血液によって，さまざまな組織へ運ばれます。そして，組織から発生した老廃物の排出や水分量の調整のために，180リットルの水が腎臓を通過し，摂取した水の量と同じくらいの水が排出されます（表2.1）。

表2.1　成人1日あたりの水の動き

排泄　2500 mL		摂取　2500 mL	
尿	1500 mL	飲料水	1200 mL
汗	500 mL	食物中	1000 mL
呼吸	500 mL	代謝で生成する水	300 mL

体内での水の働きは，大まかに，

1) 物質の溶解：栄養素を溶解し，体内に吸収，消化するのを助ける
2) 物質の運搬：血液，リンパ液として細胞や栄養素，老廃物の運搬を行う
3) 体温調節：血液循環による一定体温の維持，汗による熱の放散など

の3つにまとめることができます。なお，9章以降（生化学の範囲）で学ぶ物質の代謝反応は，これら水の働きによって進行しています。

2.2　水のふるまい

私たちが暮らしている1気圧の環境において，水の**沸点**は100℃です。ところが富士山の山頂（3776 m）では87℃，エベレスト（8848 m）では70℃で沸騰します。その理由を考えてみましょう。水を熱すると，水の分子の動きが活発になります。そして，沸騰状態では，それまで集団の中でみられたお互いの弱い結合を分断して，水分子は自由に動いているのです。高い所に行くほど気圧が下がり，水分子の動きを抑え付ける力が弱くなり，その結果，沸点が低くなるのです（図2.1）。

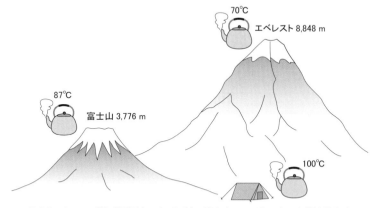

図2.1　キャンプ場（標高ゼロメートル），富士山・エベレストでお湯を沸かす

2.3　水素結合

水分子の化学式は H_2O で表され，水素原子と酸素原子が2：1で結合しています。そして，水分子同士が引き付け合う力を**水素結合**と言います。分子中の

水素原子と酸素原子は，共有結合（1.5 節参照）という強い結合でつながっており，これは普通の加熱などで切ることができないくらい強い結合です。これとは別に，ある水分子の水素原子と，他の水分子の酸素原子が弱い力で結合することがあり，これが水素結合と呼ばれています。水素結合はこのような水分子同士の間だけでなく，水以外の分子に含まれる水素原子と，他の分子の酸素原子との間で形成されることもあります。

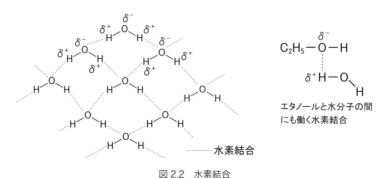

図 2.2　水素結合

δ^- とはわずかにマイナス，δ^+ とはわずかにプラスという意味です。

水素結合の力を感じることができる物理的性質として，沸点と**表面張力**をあげることができます。水の沸点が 100℃ということは述べた通りですが，分子構造がよく似た硫化水素（H_2S）ではマイナス 60℃，分子量がほぼ同じメタン（CH_4）ではマイナス 161℃となっています。水の沸点がこれらと比べ特別に高いのは，分子間の水素結合が強く働いているためです。また，表面張力については，こぼすと丸くなる水銀など液体金属を除くと，水が最も大きいのです。コップの縁の高さを超えても注げるのは，水素結合が存在しているためなのです。

2.4　美味しい水

私たちは河川水や地下水を，飲み水をはじめとする生活用水として利用しています。ただし一般には，これらの天然の水を直接飲み水として利用することはあまりありません。19 世紀には川の水を濾過により浄化できることが示され，20 世紀に入ってからは，塩素による消毒が導入されました。日本の水道法では，蛇口において，消毒のため水 1 L あたり 0.1 mg 以上の残留塩素があることが定められています。

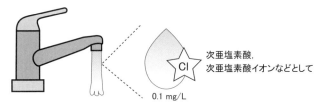

次亜塩素酸,
次亜塩素酸イオンなどとして

0.1 mg/L

図2.3　蛇口からでてくる水には塩素が含まれているのが正解！

　現在でも，水源の温度上昇によりカビ臭や墨汁のようなにおいが発生することがあります。このカビ臭は，ジェオスミンや2-メチルイソボルネオールといった物質が原因とされます。これらはプランクトンの繁殖により大量に生成し，浄水場での通常の処理では除去しきれず，水道水にカビ臭として残ることがあります。このような場合には，活性炭を投入して原因物質を吸着し，除去する工程が加わります。

　また，水道水にはカルキ臭が発生することもあります。これは殺菌に使う塩素（**次亜塩素酸ナトリウム**）や，塩素と原水中に含まれているアンモニアが反応することで生成する**トリクロラミン**という物質が原因とされています（図2.4）。カルキ臭は3〜5分の煮沸で取り除くことができますが，一度煮沸すると塩素の消毒効果がなくなるので早めに使う必要があります。さらに，水に溶けているフミン質（植物成分が土壌中で分解されたもの）とよばれる物質が反応することで，**トリハロメタン**が発生することがあります。トリハロメタンの健康への影響が懸念されていますが，これも煮沸によりほとんどを取り除くことができると言われています。

$$NH_3 + HClO \longrightarrow NH_2Cl + H_2O$$
アンモニア　次亜塩素酸　　　モノクロラミン

$$NH_2Cl + HClO \longrightarrow NHCl_2 + H_2O$$
モノクロラミン　次亜塩素酸　　　ジクロラミン

$$NHCl_2 + HClO \longrightarrow NCl_3 + H_2O$$
ジクロラミン　次亜塩素酸　　　トリクロラミン

図2.4　カルキ臭（トリクロラミン）が発生する理由

　また，不快なにおいがしなくても，水の味はさまざまな特徴があります。お

表 2.2　おいしい水の条件

	水質項目	要件	味に及ぼす影響
水を美味しくする要素	蒸発残留物	30 〜 200 mg/L	量が多いと苦味・渋味等が増し，適度に含まれるとコクのあるまろやかな味となる。
	硬度（カルシウム，マグネシウム）	10 〜 100 mg/L	カルシウム・マグネシウムの含有量を示し，硬度の低い水はクセがなく，高いと好き嫌いが出る。
	炭酸ガス	3 〜 30 mg/L	水に爽やかな味を与えるが，多いと刺激が強くなる。
水の味を損なう要素	過マンガン酸カリウム消費量	3 mg/L 以下	有機物などによる汚染の指標であり，多いと塩素消費量に影響して水の味を損なう。
	臭気度	3 以下	水源の状況によりいろいろな臭いがつくと不快な味がする。
	残留塩素	0.4 mg/L 以下	水にカルキ臭を与え，濃度が高いと水の味を悪くする。
	水温	20℃以下	適温は 10 〜 15℃，水は冷たい方が美味しく感じられる。発臭物質の揮発が減る。

厚生省（現厚生労働省）おいしい水研究会による「おいしい水の要件」より

いしい水の条件は表 2.2 のように，ミネラルが適度に存在し，遊離炭酸を含み，水温が 10 〜 15℃ぐらいとされています。元来，日本のほとんどの地域の水はおいしいはずですが，除去しきれていないカルキ臭，有機物のために味がしばしば損なわれています。

コラム

　水は美味しいと同時に，健康の維持には安全であることが求められます。SDGs（Sustainable Development Goals）の 6 番目が，「安全な水とトイレを世界中に」という目標となっているように，世界では安全に管理された水の確保が課題となっています。SDGs 目標 6 を達成するための具体的な行動が示されていますが，この目標を実現するには，まず水を汚さないことが大切です。いま世界の多くの地域では，安全な飲み水が十分に供給されていません。実際，水道水を直接飲める国はごく一部に限られており，日本のほか，アイスランド，アイルランド，オーストリア，ドイツ，ノルウェー，

フィンランド，スロベニア，南アフリカとなっています。ヨーロッパでは全体的に水道は整備されていて，上記の国以外でも飲むことはできますが，その場合でも注意が必要です。水は蛇口から勝手に出てくるものではありません。また，安全な水道水を確保するためには，水資源を守り続け，上下水道の老朽化が進んでいる現状の改善も必要です。

2.5 溶液と濃度

　食塩を水の中に入れると，食塩の成分である塩化ナトリウム（NaCl）の結晶は，ナトリウムイオン（Na⁺）と塩化物イオン（Cl⁻）に分かれ，水の中で均一になって食塩水ができあがります。この現象を**溶解**といいます。溶解によって生じた均一な液体は**溶液**（solution）とよばれます。この食塩水の場合，水のように他の物質を溶かす液体のことを**溶媒**（solvent）といい，塩化ナトリウムのように溶媒に溶ける物質のことを**溶質**（solute）といいます（図2.5）。また，溶媒が水の場合，**水溶液**（aqueous solution）といいます。以下では，溶液の濃度の表わし方を紹介します。

図2.5　溶液では「溶質」は溶媒の中で均一に存在している

（1）重さを使う

　食塩水（塩化ナトリウム水溶液）を用いて，濃度の表し方について確認したいと思います。100 g の食塩水が，20 g の食塩と 80 g の水で構成されている場合の濃度は，

$$\frac{20}{(20+80)} \times 100 = 20\%$$

となります。この濃度表記は**質量パーセント濃度**とよばれています。

日本薬局方（我が国における医薬品の規格書）において，生理食塩水の濃度は 0.9 w/v%と定義されています。w/v%とは**質量対容量パーセント濃度**（weight per volume %）と読みます。これは溶液 100 mL あたりに含まれる溶質の質量（g）を示したもので，表記としては g/100 mL と同じことです。ちなみに生理食塩水はヒトの体液（細胞外液）とほぼ同じ浸透圧のため，細胞に対する刺激が少ないので，医薬品の溶解や，皮膚，粘膜の洗浄液として用いられます。

（2）体積を使う

液体と液体を混ぜた場合の濃度として**容量パーセント濃度**があり，vol%と記載することがあります。アルコールは生活の中でもよく用いられる液体の化学物質ですが，消毒用に用いられているエタノールの濃度にもこちらの表記が使われます。100%エタノールは殺菌，消毒効果が低く，水で薄めたものの方が効果が高くなります。60 vol% 〜 90 vol%の濃度の範囲であれば消毒効果にほとんど差はありません。しかし，ウイルスに対しては 100%に近く，高い濃度のエタノールの方が効果が高いことが分かっています（図 2.6）。

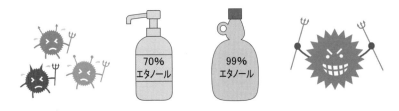

図2.6　エタノール：殺菌には 100%だと効果が下がります

コラム

エタノールは蒸発しやすく，可燃性蒸気が発生するので，火元があると引火します。消毒用エタノールを使用する付近では，コンロ等による調理など火気はたいへん危険なので避けるべきです。また，エタノールの可燃性蒸気は空気よりも重いため，消毒用エタノールの詰め替え作業を行う場合は，低いところに滞留する可能性に注意が必要です。このような作業は，通気性の良い場所や，換気ができるところで行う必要があります。

2.6 浸透圧

　濃度の異なる水溶液が半透膜で仕切られると，両側の濃度が等しくなります。これは，低濃度側から高濃度側へ，溶媒である水が移動することによります。元々高濃度側であった水溶液の液面は上昇するので，この液面を押し上げる圧力が**浸透圧**となります。血液内には Na^+，K^+，Ca^{2+}，などのイオンやアルブミンなどのタンパク質が含まれていて，これらが浸透圧を生じることで，組織内の水分を回収することができます。

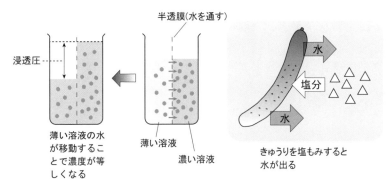

図 2.7　浸透圧〜溶媒である水が移動する

2.7 酸と塩基

　酸といえば，酢酸，塩酸，リン酸，炭酸などを連想することでしょう。「〜酸（acid）」とよばれる物質は，共通した化学的性質を持っており，水溶液の中で，水素イオンをあげる（プレゼントする）性質があります。そして，プレゼントには貰い手がいるはずです。水素イオンのもらい手となる物質は塩基（base）といいます。

図 2.8　酸と塩基のイメージ

さらに，酸の強さを表す尺度があり，pH（ピーエイチ，ペーハー）と呼ばれます。pH は**水素イオン指数**といい，水溶液中の水素イオンの多さを示しています。数値が小さいほど水素イオンが多く，強い酸であることに注意して下さい（図2.9）。pH = 7 が中性で，これよりも小さい数値の場合が酸性，7 よりも大きい数値の場合が塩基性となります。

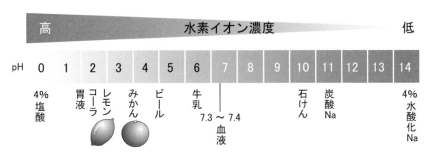

図2.9　pH：酸性，塩基性のものさし

水素イオン濃度（$[H^+]$ として表す）を用いて，水素イオン指数は $pH = -\log_{10}[H^+]$ という式で定義されます。例えば，ある水溶液の水素イオン濃度 $[H^+]$ が 0.1 mol/L $= 10^{-1}$ mol/L だったとすると，$pH = -\log_{10}[10^{-1}] = 1$ ということになります。$[H^+]$ がより少ない水溶液（より弱い酸），例えば 0.000001 mol/L $= 10^{-6}$ mol/L だと，$pH = -\log_{10}[10^{-6}] = 6$ になります（9章，121 頁参照）。pH の数値が小さいほど強い酸で，数値が大きいほど弱い酸ということになります。

ちなみに胃酸の実体は塩酸で，pH = 1 ～ 2 であるといわれています。とても強い酸なので，食べ物を酵素で消化しやすくしたり，栄養成分のタンパク質をほぐす他，一緒に入ってくる雑菌を殺す機能があります（図2.10）。しかし

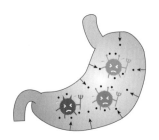

図2.10　胃酸（図中の●）は消化のほか，殺菌作用もある

胃酸では，ノロウイルスやロタウイルスなど，ウイルスを死滅させることはできませんし，細菌でも量が多くなったり，病原性の高い菌には効かないので，調理段階や食事の際の手指の清潔維持には気をつけたいものです。

　また，体内を循環している血液にも特有のpHが知られています。健康な人の血液のpHは7.3〜7.4であり，少しだけ塩基性側に傾いています（図2.9）。血液のpHがこの値より小さい場合は**アシドーシス**，大きい場合は**アルカローシス**といいますが，このような状態が進行しないように，体内では腎臓や肺によってpHがコントロールされています。例えば，血液が酸性に傾くと，腎臓では塩基性の重炭酸イオン（HCO_3^-）を血液に放出し，pHを正常な範囲に戻す機能を持っています。また，肺は呼吸により二酸化炭素の排出により，血液中の酸性度を下げ，pHを元に戻そうと働きます（9章参照）。

2.8　水と油：なぜ馴染まない？

　水と同じ液体である油は，なぜお互いが混ざることがないのでしょうか。水と混ざらない性質を**疎水性**（hyrdophobic）と言います。一方，エタノールのように水と混ざる性質があるものを**親水性**（hyrdophilic）と言います。親水性の物質には，水と類似した部分構造を含んでいて，分子間で図2.11のように水素結合を形成します。

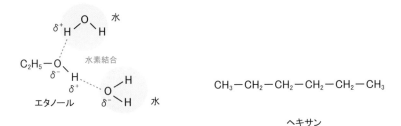

図2.11　親水性の物質は水と水素結合を形成できる
ヘキサンは水と水素結合しない疎水性分子です。

　疎水性であるもの同士は水を遠ざけようとして，結果的に油の性質を持つもの同士集まろうとします。例えば，ドレッシングの油の層には疎水性の成分が集まり，もう一方の水の層には親水性のものが集まることになります。また，

なかには両方の性質を有する分子があり，この性質は**両親媒性**（amphipathic）と言います。洗剤などに用いられる**界面活性剤**は両親媒性分子であり，油（よごれ）を水に分散させる性質があります。

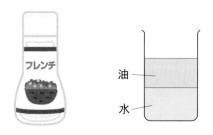

図 2.12　ドレッシングが 2 層に分かれる理由

2.9　ソーダ水

　ソーダ（Soda）水は，重曹とクエン酸を水に溶かすだけでできます。ソーダの語源は原料の重曹（sodium bicarbonate）に由来します。重曹，すなわち炭酸水素ナトリウムの分子式は $NaHCO_3$ と記され，Na が Sodium ということでこのような名前がついています。ところで，科捜研の女などのドラマに出てくる殺人事件では，猛毒「シアン化ナトリウム（NaCN）」，別名「青酸ソーダ」が登場しますが，こちらは全く別物で，飲み物のように美味しくありません。

◆まとめ◆

＊ヒト成人の体の 55 ～ 60％は水でできている。

＊水分子同士の水素結合は水の性質（沸点，表面張力など）に影響を与えている。

＊pH という指標を使って，水溶液の酸性，塩基性についての度合いを数値化できる。

＊物質は親水性，疎水性のどちらかの性質を示し，どちらにも馴染む性質は両親媒性という。

◆章末問題◆

【1】 文章中の空欄に入る適切な語句を答えよ。

(1) 成人の体内の水分含量は（　A　）％であるが，生まれたての時は（　B　）％ぐらいである。

(2) 水溶液が中性の時のpHは（　　）となる。

(3) 水素イオン濃度が高いほど，pHの数値は（　　）なる。

(4) 胃液のpHは（　A　）で，血液のpHは（　B　）である。

(5) 水分子同士，あるいは水と親水性分子との間で形成される結合は（　　）という。

(6) 水道水のカルキ臭は（　A　）や（　B　）が原因物質である。

(7) 物質の水に馴染みやすい性質を（　A　），水を遠ざける性質を（　B　）という。

(8) エタノールは蒸発しやすく，（　　）しやすい。

(9) 化学反応で水素イオンを相手に与える物質は（　A　），受け取る物質は（　B　）という。

(10) 水素イオン濃度が0.001 mol/Lの時，水素イオン指数で表すと（　　）となる。

【2】 次のうち正しいものを選べ。

(1) 血液のpH調節に関わっているのはどれか。2つ選べ。（110回am）

　1. 胃

　2. 肺

　3. 心　臓

　4. 腎　臓

　5. 膵　臓

(2) 濃度0.9％の生理食塩水300 mLに含まれる塩化ナトリウムの重量はどれか。最も近いものを選べ。

　1. 0.27 g

　2. 0.30 g

　3. 3.0 g

　4. 2.7 g

　5. 30 g

3 金　属

　生活の中において，金属は至る所で使われています。硬貨，建物，鉄道の線路，電線，調理器具，と挙げればキリがありません。金属は3大材料の一つで，他のセラミックスや有機材料（6章）とともに，今日のくらしを支える重要な物質です。本章では金属の基本的な性質を理解し，材料や医薬としてどのように活用されているのかを学びます。

　◆この章で学ぶこと
　1　金属に共通の性質
　2　合金について
　3　貴金属，レアメタル，レアアース
　4　医薬品に含まれる金属

3.1　金属の性質

　元素のうち，約8割が金属元素です。残りの2割の非金属元素は電気を導くことはありません。金属元素だけでできた金属単体，すなわち一般にいう金属は，光沢を持ち，電気だけでなく，熱もよく伝えます。さらに叩いたり引っ張ったりすることで，伸ばしたり薄くしたりすることができます（図3.1）。これらの金属の性質を下記の言葉で表現することがあります。

　光沢がある：太陽や照明の光を反射して輝いて見える特徴がある
　熱伝導性が高い：熱が物体内部を通して伝わる性質が優れている
　電気伝導性が高い：電気が物体内部を通して伝わる性質が優れている
　延性がある：引っ張ることによって破壊されずに伸びる特徴がある
　展性がある：叩いたり衝撃を加えることで伸びる特徴がある

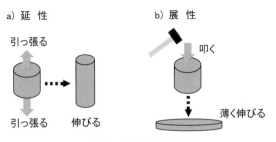

図 3.1　金属の延性と展性

　金属原子は規則正しく配列して金属結晶を作ります。この時，それぞれの金属原子から電子を放出して，自由に動き回る電子（**自由電子**）を金属結晶全体で保有することで結合しています（図 3.2）。金属の熱伝導性や電気伝導性が高いのは，この自由電子の動きが活発になるためです。

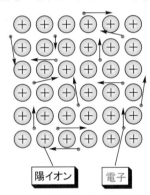

図 3.2　金属結晶中の自由電子

　以下，私たちの身の回りで関わりがよく知られている金属について，それぞれの特徴について学びます。

3.2　鉄

　鉄（Fe; Iron）の利用は紀元前 3500 年ごろから始まり，紀元前 1500 年ごろにヒッタイト帝国で製鉄が始まったといわれており，日本には後述の青銅器と同じ弥生時代に鉄器が伝わりました。現在に至るまで，鉄は私たちの暮らしに欠かせない重要な金属となっています。

鉄は鋼材として，建物の鉄筋，鉄骨，自動車，船舶，機械などの分野でたくさん使われています。長期間安定である性質を活かし，特殊な建造物の建設にも用いられています。例えば，東京スカイツリーの建設に使用された鉄鋼は34,000トンになるそうです。鉄1トンは約50 cmの立方体となり，それが3万個以上も使われていることになります。実際の建設には，パイプ状にして使っています（図3.3右）。634 mもの高さがある建物はあまりありませんが，他にも鉄は建設時に強度を持たせたい時に用いられています。

しかし，鉄だけだと強度が出ないので，炭素を混ぜて鋼（steel）として使います。いわゆる**鉄鋼**です。まず，鉄鉱石の成分（Fe_2O_3）を一酸化炭素で還元して銑鉄にします（図3.3）。そして，酸素を吹き込んで炭素の含有量を低下（2%以下）させることで硬い**鋼**ができます。

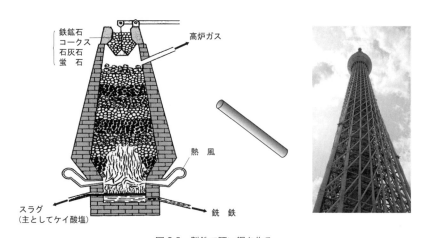

図3.3　製鉄で硬い鋼を作る

3.3　銅

銅（Cu; Copper）は人類の歴史で最も古くから利用されてきた金属です。日本では紀元前200 〜 300年ごろ（弥生時代）に初めて使われたとされていますが，この当時はまだ日本で銅は採掘されておらず，青銅器として中国から輸入されていました。**青銅**（Bronze）は銅を用いた合金で最も古く，銅と錫（スズ，Sn）からできていて，融点が低く鋳造しやすい特徴があります。また，銅と亜鉛からできている合金は**黄銅**（Brass，**真鍮**）とよばれ，錆びにくい性質（耐食

性) が優れています。

　銅は延性に富んだ金属です。また，電気抵抗が小さいので電気伝導性に優れていて，電線として多方面で用いられています。熱伝導性も高く，調理器具に用いられることもあります。さらに抗菌性能を活かして，抗菌材料としても利用されることがあります。

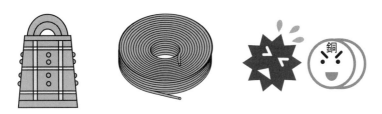

図3.4　古代の儀式，電気線，抗菌材料と用途が幅広い銅

3.4　アルミニウム

　アルミニウム (Al; Aluminium) は銅や鉄と比べると，利用の歴史は新しく，1886年にアルミニウムの精錬方法が発明されました。アルミニウムの原料はボーキサイトという鉱石です。用途には，乗用車，航空機，建材，アルミホイル，調理器具，硬貨などがあります。

　アルミニウムは軽く，密度は鉄や銅の1/3しかありません。また，アルミニウムは空気中の酸素と反応し，酸化アルミニウム Al_2O_3（**アルミナ**）の皮膜を生成し，錆びにくいという性質もあります。さらに，他の金属と比べて熱伝導性が高く，エアコンのフィン（熱交換器）にはこの性質が応用されています。

エアコンのフィン

図3.5　アルミニウム

3.5 硬貨の合金

　日本で発行されている硬貨のうち，一円硬貨だけが100％アルミニウムで単一の金属でできているのに対し，他の硬貨は複数の金属が混合された**合金**（alloy）でできています（表3.1）。

表3.1　硬貨に含まれる金属とその割合

	1円	五円	十円	五十円	百円	五百円
金属の種類と割合	アルミニウム 100％	銅60-70％ 亜鉛40-30％	銅95％ 亜鉛4-3％ すず1-2％	銅75％ ニッケル25％	銅75％ ニッケル25％	銅75％ ニッケル12.5％ 亜鉛12.5％
合金の名称	―	黄銅	青銅	白銅	白銅	ニッケル黄銅，白銅

造幣局ウェブサイトを参考に作成

3.6 ジュラルミン

　ジュラルミン（duralumin）はアルミニウムの合金で，銅，マグネシウム，亜鉛を含みます。比強度（密度当たりの強度）に優れているので，ジュラルミンはアルミのように軽く，鉄のように強い性質を持っています。このような利点を活かし，鉄道車両，船舶材料，ネジ，航空機などに利用されています。

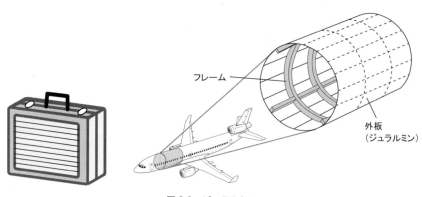

フレーム

外板（ジュラルミン）

図3.6　ジュラルミン

　旅客機が飛行する高度1万メートルでは気圧が低くなりますが，客室内の環境を保つため地上と同じ圧力にするので，胴体の外板には1平方メートルあたり5トンもの力がかかります。鋼鉄のような強くても重い材料を使ってしまうと，エネルギー的に不利になるので，旅客機の胴体の外板には，軽くてもこれだけの力に耐えうる超々ジュラルミン（ジュラルミンの中で最も強い）が用いられています。

3.7　半導体

　パソコンのCPU，スマートフォン，テレビ，LED電球，家電などには**半導体**（semiconductor）が使われています。これにより，電気の流れの制御，すなわちon/offの切り替え，一方向にのみ電気を流す，という制御が可能となります。また，電気エネルギーを光に（**LED**[*1]），光エネルギーを電気に変換（**太陽電池**）することもできます。

　半導体は電気を通す導体（銅，鉄などの金属），電気を通さない絶縁体（ゴム，ガラスなど）の中間的な性質を持った物質です。半導体には単一の元素からなる元素半導体（シリコン；Si）と，2種類以上からなる化合物半導体（炭化ケイ素SiCや窒化ガリウムGaNなど）があります。化合物半導体はLEDに用いられています。純粋なシリコンの結晶は絶縁体に近いのですが，これは自由電子がほとんど無いためです。そこで，電子を余計に持っているリン（P）などを不純物として少し加えると導体のような性質に変わります（n型半導体）。反対に，電子が少ないホウ素（B）などを不純物として加えると，電子が不足した穴（正孔）ができ，これをp型半導体と言います（図3.7）。

　p型とn型の半導体を接合すると，正孔と自由電子が引付けあって，境界付近で結合して消滅します。この付近は空乏層といい，絶縁体と同じ状態になっています。p型領域に＋極をつなぎ，n型領域に－極をつないで電圧をかけると，電子がn型からp型に流れます。正孔と結合して消滅しなかった電子が＋極へ移動して電流が流れるようになります。

---

*1　LED：Light Emitting Diode　発光ダイオード

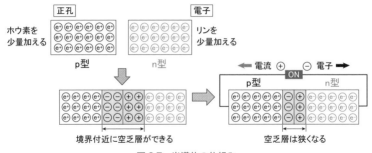

図 3.7　半導体の仕組み

p 型に＋を，n 型につなぐ。これに電圧をかけ電流を流す。

3.8　貴金属

　貴金属は化学変化を受けにくく，金属光沢を保ち，希少性で高価である金属です。金 Au，銀 Ag，白金族（ルテニウム Ru，ロジウム Rh，パラジウム Pd，オスミウム Os，イリジウム Ir，白金 Pt）の 8 種類が貴金属とされています。白金，パラジウム，ロジウムを用いた**三元触媒**は自動車の排ガスに含まれる有害物質（一酸化炭素 CO など）を除去する作用があります。

表 3.2　貴金属の種類と用途

金属の種類	特性，用途
金 Au	比較的柔らかく，加工が容易。 宝飾品のほか，スマートフォンや携帯電話の電子回路。
銀 Ag	除菌，抗菌作用を有する。消臭剤にも利用。
プラチナ Pt	宝飾品，抗がん薬，排ガス除去の触媒。 熱に強く，融点 1769℃。
パラジウム Pd	電子部品材料，燃料電池の水素吸蔵物質などに利用，排ガス除去の触媒。
ロジウム Rh	排ガス除去の触媒，電子部品のメッキ加工に利用。
イリジウム Ir	高温に耐えるので自動車エンジンの点火プラグに利用。動脈を拡げるステントとして利用。
ルテニウム Ru	ハードディスクの構成材料。
オスミウム Os	酸化されやすい性質を持つ。電子顕微鏡観察時の組織の染色，万年筆のペン先。

　ステントは動脈硬化で狭くなった血管を広げるために用いられるチューブ状の材料です（図 3.8）。血管が狭くならないように血管壁を支える力，曲げに対

するしなやかさといった性質が求められるので，ステントには，タンタル，ニッケル‐チタン合金といったレアメタルや白金‐イリジウムを原料とする素材が用いられています。

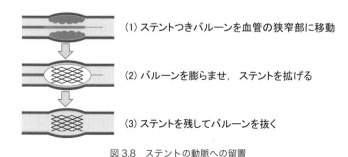

(1) ステントつきバルーンを血管の狭窄部に移動

(2) バルーンを膨らませ，ステントを拡げる

(3) ステントを残してバルーンを抜く

図 3.8　ステントの動脈への留置

3.9　レアメタル，レアアース

　銅，鉄，アルミニウムなどのように大量に利用されてきた金属をベースメタルと言います。一方，地球上の存在量が稀であるか，技術的・経済的な理由で抽出困難な金属のうち，産業に重要で希少な金属を**レアメタル**といいます（表3.2）。さまざまな材料へ添加して特性を向上させたり，電子材料・磁性材料などの機能性材料などに使用されています。

表 3.2　レアメタル

Li	リチウム	Be	ベリリウム	B	ホウ素	希土類	(表 3.3 の17個を1種としてカウント)
Ti	チタン	V	バナジウム	Cr	クロム	Mn	マンガン
Co	コバルト	Ni	ニッケル	Ga	ガリウム	Ge	ゲルマニウム
Se	セレン	Rb	ルビジウム	Sr	ストロンチウム	Zr	ジルコニウム
Nb	ニオブ	Mo	モリブデン	Pd	パラジウム	In	インジウム
Sb	アンチモン	Te	テルル	Cs	セシウム	Ba	バリウム
Hf	ハフニウム	Ta	タンタル	W	タングステン	Re	レニウム
Pt	白金	Tl	タリウム	Bi	ビスマス		

レアアースは 31種類あるレアメタルの一種で，**希土類元素**の総称です（表3.3）。中には強力な永久磁石に欠かせないネオジム (Nd) やジスプロシウム (Dy)，レーザーに用いられるイットリウム (Y) など，現代の産業を支える重要な元素があります（図3.9）。

表 3.3　レアアース

Sc	スカンジウム	Y	イットリウム	La	ランタン	Ce	セリウム
Pr	プラセオジム	Nd	ネオジム	Pm	プロメチウム	Sm	サマリウム
Eu	ユウロビウム	Gd	ガドリニウム	Tb	テルビウム	Dy	ジスプロシウム
Ho	ホルミウム	Er	エルビウム	Tm	ツリウム	Yb	イッテルビウム
Lu	ルテチウム						

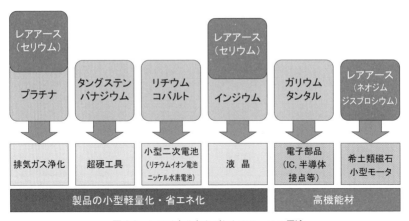

図 3.9　レアメタルならびにレアアースの用途

3.10　薬と金属

医薬品にも金属が含まれていることがあります。体内にさまざまな金属が含まれていることを考えると，金属イオンが生理機能に影響を与えることは容易に想像できますが，金属や金属イオンをそのまま投与することはありません。実際に用いられている金属を含む医薬品をいくつか紹介します。

1) リチウム Li

リチウムの利用はスマートフォンのバッテリーだけではなく，薬にも使われています。

炭酸リチウム（Li_2CO_3）は，気分がたかぶっている躁状態が続く躁病に用いられ，感情の高まりや行動を抑えて，気分を安定化させます。

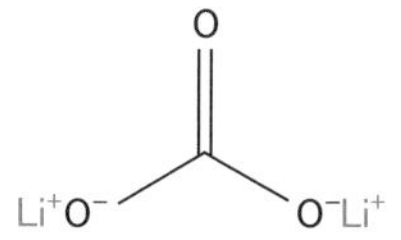

図 3.10　炭酸リチウム

2) コバルト Co

ビタミン B_{12} にはコバルト（Co）が含まれています（図 **3.11**）。体内で不足すると，貧血，舌の炎症・痛み，手足のしびれ，眼精疲労などを引き起こします。ビタミン B_{12} を体内に補充することで，傷ついた末梢神経を修復して，しびれ，痛みなどの症状を改善し，貧血の回復を助けます。

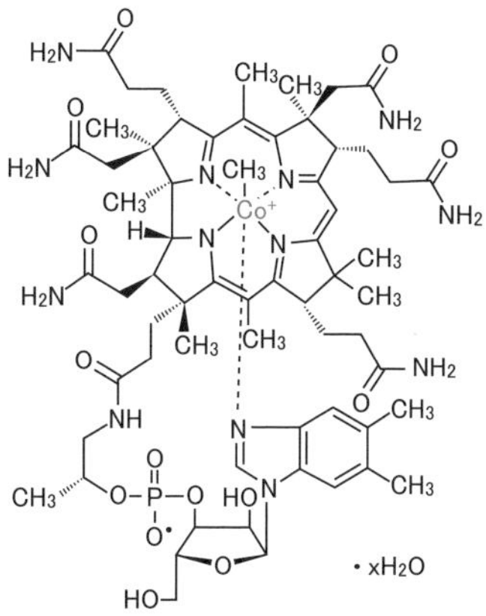

図 3.11　ビタミン B_{12} の構造

3) 白 金

抗がん薬として用いられている一つに**シスプラチン**があり，これには白金（Pt）が含まれています（図 **3.12**）。DNA に結びつくことで，がん細胞の増殖を抑えることができます。

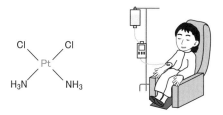

図 3.12　シスプラチン

4) 金

金（Au）を含む金チオリンゴ酸ナトリウムやオーラノフィン（図 **3.13**）は，リウマチ治療薬として用いられてきました。**関節リウマチ**（rheumatoid arthritis）は，関節が炎症を起こし，軟骨や骨が破壊されて変形してしまう病気です。関節を動かさなくても，痛みが生じるという特徴があります。関節リウマチの治療薬には，**生物学的製剤**（16 章参照）という，タンパク質で作られた治療薬も用いられるようになっています。

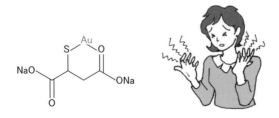

図 3.13　オーラノフィン－リウマチ治療薬のひとつ

コラム　金属アレルギー

　本章で学んだように，金属はさまざまな場面で用いられています。金属は硬貨やアクセサリーなど直接触れる機会が多い物に加え，日用品，医療器具といったものに利用されています。「金属アレルギー」という皮膚のトラブルが知られていますが，金属に触れるとすぐに起きることはあまりありません。汗，唾液などにより固体の金属から溶けた金属イオンが，皮膚のタンパク質と結合することで免疫反応を引き起こし，アレルギー症状に至ります。

◆まとめ◆

＊金属には光沢，熱・電気伝導性，延性，展性などの特有の性質がある。

＊鉄は酸素と結合しやすく，生活の中で目にする鉄は酸化鉄である。

＊複数の金属元素を組み合わせたものは合金と呼ばれ，元々の金属の機能が向上する場合がある。

＊金属を含む医薬品の多くは，有機化合物の中に金属原子やイオンを取り込んだものである。

◆章末問題◆

【1】 文章中の空欄に入る適切な語句を答えよ。

(1) 金属を引っ張ると伸びる性質を（ A ）といい，叩いて伸びる性質を（ B ）という。

(2) 金属は電気伝導性や（　　）性が高い。

(3) 歴史上，人類が最初に利用した金属は（　　）である。

(4) アルミニウムの合金である（　　）はアルミニウムのように軽く，鉄のように強い。

(5) 貴金属である（　　）は燃料電池や排ガス除去に用いられている。

(6) アルミニウムの原料は（　　）である。

(7) （　　）は希土類とも呼ばれ，レアメタルに含まれる元素である。

(8) コバルトはビタミン（　　）に含まれる。

(9) 抗がん薬の（　　）には白金が含まれる。

(10) 狭くなった血管を広げる（　　）には，曲げに対するしなやかさがある金属が用いられる。

(11) 半導体はパソコンやスマートフォンに用いられていて，電気を（　　）にのみ流す材料である。

(12) 下の半導体の模式図中の空欄（ A ）（ B ）（ C ）に入ることばを答えよ。

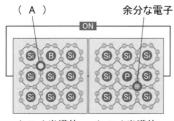

【2】 次の元素記号から，レアアースを選び，元素の名称を答えよ。

Ti, La, Al, Gd, Fe, Sc, Pt, Rh

4 気　体

　私たちは空気に囲まれて生活していますが，空気を構成する気体以外にも様々な気体が暮らしの中で重要な役割を果たしています。まずは空気に含まれる気体の種類について知り，次に生活中で接する機会があるものを取り上げ，それらの特徴について学びます。また，気体に共通する基本的な性質や法則についても学びます。

◆この章で学ぶこと
1　空気に含まれる気体
2　主な気体の種類や関連する物質の特徴
3　気体の性質と法則

4.1　空気に含まれる気体

　地球上には**空気**が存在しており，私たちは空気が存在しないところでは生存できないことを知っています。また，人と人の会話や音楽，交通の騒音に至るまで，音は空気の振動によって伝えられ，空気が無い真空では音は伝わりません。空気は音というコミュニケーションにも重要な役割を果たしています。地球上の空気の組成は図 4.1 のように，窒素（N_2）と酸素（O_2）でほとんどを占めています。厳密な話をする場合は，惑星を覆う気体の層として大気という言葉

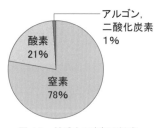

図 4.1　地球上の空気の組成

を使うこともありますが，ここでは日常よく使われ，実質同じ意味の「空気」を用います。地球上の空気に含まれる気体には表 4.1 のようなものがあります。

表 4.1 微量成分も含めた空気の組成

組 成	化学式	体積%	
窒素分子	N_2	78.11	
酸素分子	O_2	20.96	
アルゴン	Ar	0.9343	
二酸化炭素	CO_2	0.03	
一酸化炭素	CO	1×10^{-3}	(10ppm)
ネオン	Ne	1.8×10^{-3}	(18ppm)
ヘリウム	He	5.3×10^{-3}	(53ppm)
メタン	CH_4	1.52×10^{-4}	(1.52ppm)
クリプトン	Kr	1×10^{-4}	(1ppm)
一酸化二窒素	N_2O	5×10^{-5}	(0.5ppm)
水素分子	H_2	5×10^{-5}	(0.5ppm)
オゾン	O_3	2×10^{-5}	(0.2ppm)

環境省ホームページをもとに作成

4.2 酸 素

酸素（oxgen）は物質の燃焼に必要な気体です。燃焼する物質は「可燃物」と呼ばれ，酸素は可燃物を燃やす「支燃物」と言います。可燃物と支燃物が着火源から熱をもらうと熱運動のエネルギーの増加により，化学結合の組みかえを起こします。このとき，熱エネルギーの放出を伴う化学結合の組みかえ，これが燃焼です。化学結合の組みかえに必要なエネルギーは**活性化エネルギー**とよばれ，しばしば山に例えられます（図 4.2）。

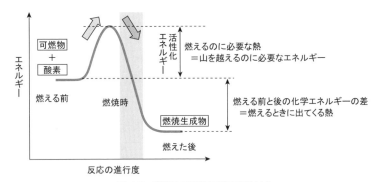

図 4.2 酸素は可燃物の燃焼を助ける

　また，酸素は生命を維持する上で必要不可欠です。私たちが呼吸で取り入れ
ているのは，酸素分子（O_2）です。肺の中で血液に入り，赤血球の中の**ヘモグ
ロビン**と結合して，からだの様々な組織へ運搬されます。

　酸素は体内（組織）に取り込んだ栄養素からエネルギーを取り出したり，新
しくタンパク質や他の物質を作るときに必要となります。このように，細胞や
組織による，酸素を利用した化学反応（代謝）では，二酸化炭素を血液中に放
出します。これを**内呼吸**といいます。内呼吸では細胞内のミトコンドリアの働
きで酸素が消費され，二酸化炭素が発生します。一方，血液中の二酸化炭素は，
イオンの形で溶けて肺まで運ばれ，再び二酸化炭素となって吐き出され，代わ
りに酸素を取り込みます。これを**外呼吸**といいます（図 4.3）。

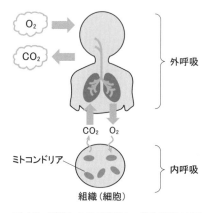

図 4.3　呼吸における酸素と二酸化炭素の流れ

　パルスオキシメーターは，赤血球中のヘモグロビンの酸素結合部分がどれだ
け満たされているか，すなわち**酸素飽和度**（SpO_2）を測定する装置です（図 4.4）。
装置の構成は，SpO_2という酸素を結合している割合（％）を測定，数値表示す
るために，指を挟む部分には光が出る部分と，指から通り抜けた光を受け取る
センサーが組み込まれています。このセンサーでは，赤色の度合いにより
SpO_2を測定します。肺や心臓の機能が低下し，体内に取り込む酸素の量が少
なくなると，SpO_2は低下します。健康な人の場合，SpO_2は 96 ～ 99％であり，
90％以下の場合は呼吸不全となり，全身への酸素供給が不十分となっている可

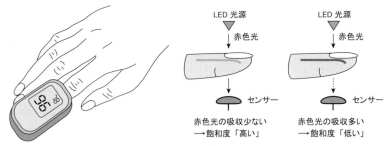

図 4.4　パルスオキシメーター

赤色光の透過率から O_2 飽和度を測定する。O_2 と結合していないヘモグロビン
が増えると赤色光がより多く吸収される。（実際には赤外光も一緒に用いる）。

能性があります。また，慢性的な肺や心臓の持病がある場合，普段の SpO_2 が
3 〜 4％低下すると受診が勧められています。

　また，O_2 として取り込んだ酸素のうちの数％は**活性酸素**（Reactive oxygen
species; ROS）となります。活性酸素の中にはさらに，スーパーオキシドアニ
オンラジカル，ヒドロキシラジカル，過酸化水素，一重項酸素といった種類が
あります。化学的には他の物質と反応しやすく，酸化力が強いという性質があ
ります。体内では ROS が増えすぎないように，活性酸素を除去する酵素であ
る**スーパーオキシドディスムターゼ**（Superoxide dismutase; SOD）が機能して
いますが，この除去機能を越える活性酸素が増え続けると，不必要な酸化によっ
て細胞を傷つけ，老化や様々な病気の原因になると考えられています。体内で
発生した活性酸素は SOD によって消去されてはいますが，年齢とともに増加
する傾向にあります。さらに，ストレス，激しい運動，タバコ，紫外線などは
活性酸素を増やす原因となります。

4.3　窒　素

　空気中に最も多く含まれる窒素（nitrogen）N_2 は常温常圧で無色無臭の気体
です。

　酸素とは異なり他の物質と反応しにくい性質を持ち，不活性ガスとしてさま
ざまな用途に用いられています。例えば，食品の酸化防止，金属の加工，自動
車タイヤの充填などがあります。窒素ガス自体に毒性はありませんが，空気中
の窒素の比率が上がることで酸素の比率が下がり，健康に影響がおよんで死に

いたることもあるので，取り扱いには注意が必要です。

　窒素の沸点はマイナス196度と極めて低温であるため，瞬間的にいろんなものを凍らせることができます。バラを液体窒素の中に浸して瞬間的に凍らせるデモンストレーションでおなじみですが，液体窒素を使って新しい料理を生み出す分子調理や分子ガストロノミーといった話題も注目を集めています。また，皮膚科ではイボの治療において，液体窒素を用いた冷凍凝固法による除去が適用されることがあります。イボに液体窒素を当てることで，ウイルスのいる細胞を破壊できます（図4.5）。

図4.5　液体窒素を保管するタンク（左）バラの瞬間凍結やイボの治療にも利用される

━━ アンモニア ━━━━━━━━━━━━━━━━━━━

　アンモニア（NH_3）は常温・常圧の状態で無色透明の気体です。強い刺激臭と毒性を有するため，毒物及び劇物取締法（毒劇法）では劇物に指定されています。全世界におけるアンモニアの用途の8割は肥料として用いられ，2割は工業用原料としてナイロン繊維やメラミン樹脂の製造に用いられます。

　現在アンモニアは工業的には，**ハーバーボッシュ法**というプロセスによって生産されています（図4.6）。この方法では，鉄の上で水素（H_2）と窒素（N_2）を

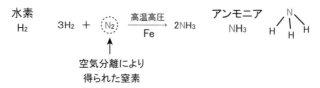

図4.6　ハーバボッシュ法によるアンモニアの生成

空気から N_2 を冷却・液化・蒸留によって取り出してから H_2 と反応させる。

高温高圧下で反応させ，アンモニアを生成させます。鉄はアンモニアには取り込まれず，水素と窒素の反応を促進させます。この場合の鉄のように，反応の前後では変化しないが，化学反応を促進する物質のことを**触媒**（catalyst）と言います。

　冷蔵庫や冷凍庫の冷媒としてフロンが用いられ，オゾン層破壊など環境への影響が問題となりました。それ以前，フロンが利用されるまではアンモニアが冷媒として用いられてきました。しかし，強烈な匂いや毒性といった性質を持つので，フロンの登場により次第に使われなくなった経緯があります。近年，アンモニアのこれらの問題が解決されつつあり，フロンのような環境破壊の影響が少ないことから，再びアンモニアの冷媒としての役割が期待されつつあります（図 4.7）。

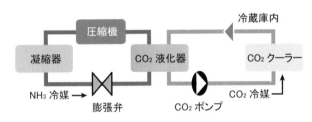

アンモニア冷媒を利用したシステムの一例

図 4.7　冷媒としてのアンモニアの利用（間接冷却方式）

　また，アンモニアから生産される硝酸（HNO_3）は液体ですが，無色透明で刺激臭を有します。加えて，腐食力や酸化力が強く，金，白金を除くほとんどの金属と反応します。火薬，肥料，線量の減量として用いられます。

　以上，人工的に生産したアンモニアと関連する硝酸について説明しましたが，天然にもアンモニアは生み出されています。アンモニアのもととなる窒素は，タンパク質を構成しているすべてのアミノ酸に，アミノ基（$-NH_2$）というかたまりとして含まれています。私たちは窒素を含むタンパク質，アミノ酸を摂取するために，動物あるいは植物を食物として取り入れていますが，これは体のタンパク質を維持していく上で非常に重要です。では，植物はどのようにしてタンパク質を作り出しているのでしょうか。例えば，土壌に生息している微

生物である「根粒菌」は，植物の根に共生していて，空気中の窒素（N_2）をアンモニア（NH_3）に変換しており，これを**窒素固定**と言います。そしてNH_3はアミノ酸の中のアミノ基（$-NH_2$）となり，タンパク質の一部として取り込まれます。根粒菌はマメ科植物に共生していますが，窒素固定細菌には，他にアゾトバクターやクロストリジウムなどが知られています。一方，私たちの体の中で生じるアンモニアは中枢神経に毒性をもたらすので，尿素という別の分子に置き換えられて排泄されます（14 章参照）。

一酸化窒素

　心臓に栄養や酸素を供給している冠状動脈が狭くなると胸の痛みを生じ，これを**狭心症**と言います。狭心症の治療薬として知られる**ニトログリセリン**は，血管を拡張することでその作用を発揮します。実際に血管を拡張しているのは，ニトログリセリンを服用したのちに，それが分解して生成する**一酸化窒素**（NO）です（図 4.8）。

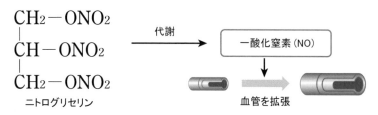

図 4.8　ニトログリセリンの作用

　ニトログリセリンは，狭心症の薬として応用される前から，ダイナマイトの原料としても有名です。ノーベル賞の創設者であるアルフレッド・ノーベルのダイナマイト工場では，従業員にひどいめまいや頭痛が起こっていました。のちにこの現象は，ニトログリセリンが心臓の冠状動脈や全身の静脈を，必要以上に拡張していたことが原因だと判明しました。このような知見をもとに爆薬の原料が医薬に応用されることになったわけですが，医薬品のニトログリセリンは爆発しないように製剤化されています。

4.4 炭素を含む気体

(1) 二酸化炭素

　石油や木材のほか，ものを燃焼させると空気中の酸素と，これらの物質の炭素が結びついて，二酸化炭素が発生します。同じことが，私たちのからだの中でも生じていて，その結果二酸化炭素が発生し，こちらは呼吸と呼ばれました。呼吸においても，燃焼においても，物質は「酸化」されています。炭素が酸素と結びつき，二酸化炭素を生じることは酸素の項目（4.2 節）でもみてきました。

　二酸化炭素は，常温で無色無臭の気体として存在します。気体以外の形としては，固体であるドライアイスがよく知られています。ドライアイスの状態の二酸化炭素は，液体を経由しないで気体となり，これを**昇華**といいます。二酸化炭素の昇華点は－79℃で，表面温度も－79℃と極端に低く，直接触れると凍傷になる恐れがあるので，取り扱いには手袋を使うなどの注意が必要です。また，二酸化炭素は，ドライアイスの他に消化器にも用いられます。水濡れに弱い電気設備や精密機器などによる火災の消火に力を発揮します。

　近年，感染症対策の一環として屋内の換気が推進され，二酸化炭素モニターを用いる機会が増えています（図 4.9 左）。二酸化炭素モニターでは**百万分率 ppm**（parts per million）という単位が用いられます。例えば，「濃度 0.042％が 0.084％に変化した」と言われても，％の中に小数点があると，直感的にどの程度増えたのかがわかりにくいのですが，「420 ppm から 840 ppm に増加した」と言われると，状況が理解しやすくなります。このように百分率ではなく，百万分率 ppm を使って表わすと数値が大きくなって，比較しやすくなり，とくに環境分野ではよく用いられます。

　　ppm の求め方：$\dfrac{\text{目的物の量}}{\text{全体の量}} \times 100 \text{万} (10^6)$

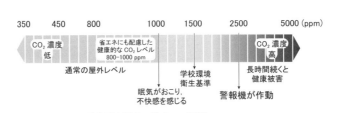

図 4.9　二酸化炭素濃度の健康への影響

二酸化炭素は換気の指標だけでなく，それ自体が生体へ影響を及ぼすことがわかっています。図 4.9 右のように，1000 ppm 以下であることが望ましいのですが，それよりも濃度が高くなると健康に悪影響がみられるようになります。

1) 空気中の濃度が 3 ～ 6%（30,000 ～ 60,000 ppm）では，数分から数十分の呼吸で過呼吸，頭痛，めまい，吐き気，知覚の低下が現れます。

2) 空気中の濃度が 10%（100,000 ppm）以上では，数分以内に意識が無くなります。放置すると急速に呼吸停止を経て死に至ります。

3) 空気中の濃度が 30%（300,000 ppm）以上では，8 ～ 12 呼吸で意識がなくなります。

（2）一酸化炭素

一酸化炭素（CO）は，酸素の不足による，不完全燃焼の際に発生するガスです。CO は血液中のヘモグロビンと結合しますが，酸素（O_2）よりも強く結合するので，もしも一酸化炭素を吸い込んでしまうと，危険な状態となります。これが一酸化炭素中毒です（図 4.10）。

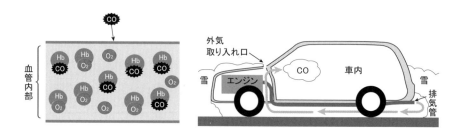

図 4.10　一酸化炭素はヘモグロビンと酸素の結合を阻害する
"Hb" はヘモグロビン　"CO" は一酸化炭素

4.5　水　素

水素原子は全ての原子の中で最も小さく，さまざまな物質，例えば水（H_2O）ブドウ糖（$C_6H_{12}O_6$），脂質（脂肪酸；R-COOH），タンパク質（アミノ基；$-NH_2$）など，多岐にわたる物質の構成成分として含まれています。一方，水素原子同士が 2 つ結合したものは水素分子とよばれ，常温常圧では気体です。

気体の水素は天然に存在することはあまりなく，工業的に製造されます。また，ロケット燃料には固体燃料と液体燃料があり，水素は液体の燃料として用いられます。液体ロケットの場合，燃料である液体水素と，酸化剤である液体酸素が別々のタンクに入れられ，燃焼室に送られてから推進力となるガスを生成します。

═══ **メタンガス** ═══

天然ガスの主成分であるメタンは炭素（C）と水素（H）により構成されており，CH_4 と表されます。メタンはガス管を通して届けられる都市ガスにも利用されている身近な気体です。空気より軽いので，都市ガスを使っている場合，屋内のガス漏れ警報器は天井付近に設置されます。一方，家の外のボンベから供給されるプロパンガス（C_3H_8）の場合は，空気より重いので，ガス漏れ警報器は床付近に設置することになります。

4.6 希ガス

希ガスとは文字通り解釈すると「存在量が少ない気体」であり，周期表では一番右側の列（18族）のグループを構成しています。18族元素は単原子で存在していて，周期表では上から順にヘリウム（He），ネオン（Ne），アルゴン（Ar），クリプトン（Kr），キセノン（Xe），ラドン（Rn）が並んでいます。このグループに属する原子は，他の原子や分子と反応しない性質，化学的に不活性であるという特徴があります。

周期表の希ガスで上から3番目にある**アルゴン**（Argon; Ar）は，図4.1や表4.1で見たように空気中に窒素，酸素の次に多く存在する気体です。ギリシャ語で「怠惰な，不活発な」を意味する argon に由来します。他の物質と反応しない性質を表わしています。

ヘリウム He はリニアモーターカーに搭載される超伝導磁石（ニオブ-チタン合金）の冷却材として用いられてきました（図4.11）。ヘリウムの沸点は−269℃ですので，ニオブ-チタン合金を−269℃まで冷却し，発熱によるエネルギーロスを無くし，安定した超電導状態を保持しながら，強力な磁石の力を発揮さ

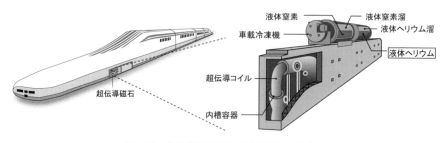

図 4.11　超伝導磁石に用いられる液体ヘリウム

せます。近年では，別の金属（ビスマス系銅酸化物）を用いた高温超伝導磁石の開発が進み，世界的な供給が不安定なヘリウムを使わないリニアモーターカーが期待されています。

ラドン Rn はもともと鉱石中の微量成分として存在しています。放射性のウラン U やトリウム Th といった物質が放射線エネルギーを出しながら崩壊（**放射線壊変**）することで，ラジウム Ra を経てラドン Rn が生成します。

$$\underset{\text{ウラン}}{U} \xrightarrow{\text{放射線}} \underset{\text{トリウム}}{Th} \xrightarrow{\text{放射線}} \underset{\text{ラジウム}}{Ra} \xrightarrow{\text{放射線}} \underset{\text{ラドン}}{Rn}$$

地下水へ

　これらが岩石の割れ目に存在する地下水に溶け込み湧き出すことで，ラジウム泉やラドン泉といった放射能泉となります。放射線による健康効果に関する医学的な証明はまだ不足していますが，ラドンの半減期は 40 分で，尿や呼気から排出され，180 分後には体内から消失されます。一日中温泉に浸っているわけではないので，被曝による健康への悪影響は少ないと考えられています。日本では幾つかのラドン泉があり，特に有馬温泉銀泉（兵庫県）や三朝温泉（岡山県）などが知られています。

　その他の希ガスの用途としては，ネオン Ne は減圧してガラス管に封入して電圧をかけると光を放つことから，ネオンサインとして親しまれてきました。さらにキセノン Xe はランプに封入され，カメラのフラッシュランプ，灯台のランプ，車のヘッドライトなどに利用されています。

4.7 ガスボンベの色

ガスはボンベに充填して，工場，研究施設，病院などに販売されています。ある程度，ボンベには色分けがされています。酸素（黒），二酸化炭素（緑），水素（赤色），窒素（灰色）などです。もし，工場が近くにあったり，見学できる際には色が異なるボンベを目にする機会があるかもしれません。あまり見かけることはありませんが，笑気（亜酸化窒素 N_2O）が医療用ガス（麻酔）として用いられますが，こちらは青色のボンベに入っています。

4.8 気体の性質

気体のふるまいに関する法則のうち，最も基本的なものを以下に紹介します。

(1) アボガドロの法則

同一圧力，同一温度の条件を仮定します。ここでは，すべての気体は同一体積中に同じ数の分子を含みます。1気圧，0℃は標準状態といいますが，どのような種類の気体であっても，22.4 L の体積中には，6×10^{23} 個の分子または原子を含みます。これを**アボガドロの法則**と言います。酸素，窒素，二酸化炭素，希ガスであるアルゴン（Ar）であっても同じことが言えます。6×10^{23} は**アボガドロ数**と言います。

(2) ボイル‐シャルルの法則

1）ボイルの法則

一定量の気体を，先端を閉じた注射器に入れ，温度を保ったまま体積を 1/2, 1/3…と圧縮していくと，ピストンが受ける圧力が2倍，3倍と大きくなります。圧力が増える理由は，圧縮された空間には最初と同じ数の分子が存在しますが，体積が小さくなった分，ピストンや壁に衝突する回数が増えることによります。このように，温度が一定の条件において，圧力 P と体積 V は反比例の関係にあり，これを**ボイルの法則**として知られています。

$PV = k$（一定）

k は温度と物質量によって決まる定数

2）シャルルの法則

同じように注射器を用意し，圧力を一定に保ち，気体を加熱していくと体積

が大きくなります。これは温度の上昇に伴い，分子の動きが活発になり，ピストンや壁にぶつかる回数が増加するからです。外圧と内圧が等しくなるようにピストンからは手を離しておくと，外気圧と釣り合うところまでピストンが動き，体積が大きくなるのです。このように圧力が一定の条件において，気体の温度 T（絶対温度[*1]（K））は体積 V（m^3）に比例し，**シャルルの法則**として知られています。

$$\frac{V}{T} = k$$

k は温度と物質量によって決まる定数

3) ボイル＝シャルルの法則

ボイルの法則とシャルルの法則は1つの式に合わせて表現でき，「物質量が一定の気体について，体積 V は圧力 P に反比例し，絶対温度 T に比例する」という**ボイル＝シャルルの法則**として知られています。

$$\frac{PV}{T} = k$$

k は物質量によって決まる定数

(3) 液体との関連

1) ヘンリーの法則

気体の分子も溶質として水に溶解します。気体の液体への溶解度は，気体の種類によって異なり，温度によって変化します。これは固体が液体に溶解する場合にも見られる現象です。しかし，一定圧力下において，固体の場合は温度が上がるに従って溶解度が増加するのに対し，気体の場合は溶解度が減少します。これは温度が高くなるに従い，溶質となる気体の分子の動きが活発になり，水溶液から溶質が飛び出す頻度も高くなるためです。**温度と溶媒（水）の量が一定であるとき，溶ける気体の物質量は圧力に比例**しますが，これを**ヘンリーの法則**と言います。炭酸飲料の製造工程では，ヘンリーの法則に基づき，低温，高圧条件で二酸化炭素を水に溶かしているのです（図4.12）。

---

*1　絶対温度 T(K) ＝セ氏（セルシウス）温度 t（℃）＋ 273

図 4.12 呼気を吹き込んでも永遠に炭酸水ができない理由～ヘンリーの法則

2) ラウールの法則

液体で存在している物質は，液体の状態と気体の状態を行ったり来たりして います。この動きによる液体の量と気体の量に変化がない時，これを**平衡**（気 液平衡）と言います。この平衡状態にあるときの蒸気の圧力のことを**蒸気圧**と いいます。蒸気圧が大気圧と等しくなった時，液体の内部からも蒸気が発生す ることとなり，これが沸騰なのです。

混合溶液について，溶媒の物質量を n_A，溶質の物質量を n_B とします。混合 溶液の全蒸気圧 P は溶質を加える前の純粋な溶媒の蒸気圧 P_A，溶質の蒸気圧 P_B を用い，次の式で表され，これは**ラウールの法則**と呼ばれます。全蒸気圧 P は，「各蒸気圧×モル分率（物質量の比率）」の総和ということになります。

$$P = \frac{n_A}{n_A + n_B} \times P_A + \frac{n_B}{n_A + n_B} \times P_B$$

例えば，溶質が不揮発性の食塩だったとすると，その蒸気圧 P_B は 0 となり ます。蒸気圧が下がる度合い（**蒸気圧降下**）は次の式で示すことができます。

$$\Delta P = P_A - \frac{n_A}{n_A + n_B} \times P_A$$

$$= \frac{n_B}{n_A + n_B} \times P_A$$

溶質である食塩の物質量が増えるに従い，元の溶媒の蒸気圧 P_A は，食塩を 含む混合溶液になったときには下がっています。言い換えると沸点は上がるこ とになります（図4.13）。味噌汁には食塩のほかにいくつかの成分が水に溶けて いるので，沸騰状態にするには，水を沸騰させる時よりも高温で加熱し，蒸気

圧を大気圧と等しくさせる必要があります。ただし，みその香りは90℃以上で加熱し続けると抜けてしまい，長時間の加熱によりおいしさは失われるので注意して下さい。

図4.13　煮えたぎる味噌汁は100℃以上で沸騰している〜ラウールの法則

━━━━◆まとめ◆━━━━

＊地球上の空気は窒素，酸素がほとんどを占めるが，希ガスや二酸化炭素なども存在し，環境へ影響を持つものや工業的に重要なものがある。

＊酸素は燃焼や呼吸において中心的な役割を果たしている。

＊空気中の窒素 N_2 は常温常圧の条件下で不活性である。高温高圧条件においてアンモニアを生成し，自然界では微生物による窒素固定が行われている。

＊気体のふるまいに関する法則として，ボイル＝シャルルの法則，ヘンリーの法則，ラウールの法則などがある。

◆章末問題◆

【1】文章中の空欄に入る適切な語句を答えよ。

(1) 地球上の空気の成分のうち,構成割合が多い順に3つあげると(　,　,　,)
となる。

(2) 肺から取り入れたれた酸素は血液に入った後,赤血球の(　A　)に結合し,体
内で生産された二酸化炭素は(　B　)の形で血液に溶け込み,肺から放出される。

(3) 細胞内のミトコンドリアが行う,酸素を消費し,二酸化炭素を生成する代謝反
応は(　　)という。

(4) パルスオキシメータでは(　　)を測定し,全身への酸素供給が十分かどうか
の指標となっている。

(5) 体内に取り込んだ酸素のうち数%は(　　)とよばれる,酸化力が強く,他の
分子や原子に反応しやすい物質となる。

(6) 高温高圧下で水素と窒素からアンモニアを生成する(　　)が工業的に用いら
れる。

(7) 植物が取り込んだアンモニアは,(　　)分子のアミノ基として組み込まれる。

(8) ニトログリセリンは(　A　)を生成し,これが血管を拡張させる作用があるので,
(　B　)の治療薬となっている。

(9) 化学的に不活性な性質を有するグループは(　A　)であり,このうち最も存在
量が多いものは(　B　)である。

(10) 水に溶ける気体の量は圧力に比例するが,これを(　　)の法則という。

【2】次の問いに答えよ。

(1) 窒素を7000 L充填したボンベがあり,圧力は140気圧を示していた。圧力が2
気圧を示した時に,ボンベ内の窒素はどれだけ残っているか。

(2) 空気中の二酸化炭素は約0.04%であり,百万分率で表すといくらになるか。

5 食　品

　体を構成する原子や分子はどこからくるのでしょうか。日々，口から取り入れる，食べ物や飲み物を構成している原子や分子が消化，分解され，体を構成するタンパク質や脂質など新しい分子に作り変えられています。また，食品の成分は体を動かすエネルギーにも作り変えられています。私たちは食品を口の中に入れた際，その味や匂いを通して，体内に取り入れるべき物質かどうかを判断し，食品から体を維持するために必要な物質を得ています。本章では食品成分である物質について，化学的，生理学的特性を学びます。

　◆この章で学ぶこと
　1　食品を感じる味覚と嗅覚について
　2　添加物，調味料について
　3　食品の機能，形態について

5.1　味と味覚

　四原味の甘味，酸味，塩味，苦味の組み合わせにより，さまざまな味が作り出されています。さらに旨味を加えて**基本五味**として，食品の味を認識する際の基本要素となっています。味を識別する部分は，舌の表面の乳頭にある味細胞の集合体で，**味蕾**と呼ばれます。ここに味物質が付着したときに，味覚神経を経由して，味が脳へ伝達されます（図5.1）。

（1）甘　味

　甘さを感じさせる物質には，①糖質系甘味料，②非糖質系甘味料があります。糖質系甘味料は，ブドウ糖や果糖などの基本最小単位である**単糖**（12章参照）のほか，単糖が複数つながったオリゴ糖などが知られています。また糖を還元

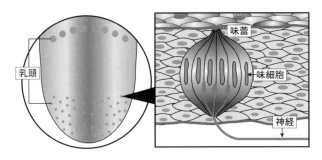

図 5.1 味蕾を構成する味細胞

させた糖アルコールといったグループもあり，**キシリトール**が有名です（図5.2）。一方，非糖質系甘味料には，天然甘味料（ステビア，甘草など）と人工甘味料（アスパルテーム，サッカリンなど）があります。

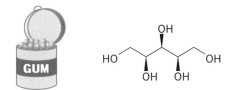

図 5.2 キシリトール（OH はアルコールに特有のヒドロキシ基）

（くさび▲は広がっている部分（OH）が，読者に向かって紙面から飛び出しているとみなします）

（2）酸 味

酸味を示す物質は，水の中で水素イオン(H^+)を生じます。食品に含まれている酸味物質には，酢酸，リンゴ酸，クエン酸，酒石酸などがあります（図 5.3）。

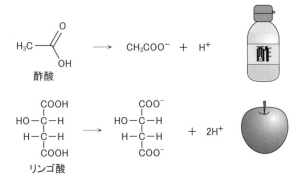

図 5.3 酸味物質

（3）塩　味

　塩化ナトリウム（NaCl）が代表的な塩味物質です。**塩味**は食品の味として最も基本的なもので，味付けのほとんどに用いられるとともに，旨味や甘味を引き立てる役割もあります。また，塩化ナトリウムに近い塩味を持つ物質として**塩化カリウム**（KCl）があり，減塩調味料として用いられています。

（4）苦　味

　苦味はしばしば味としては好まれないことが多いですが，食欲を増進させることもあります。お茶やコーヒーの苦味は**カフェイン**です。ビールの苦味は製造時に添加するホップに含まれるフムロンという物質です。ゴーヤの苦味物質であるククルビタシンには血糖値や血圧を下げる効果があるといわれています（図 5.4）。

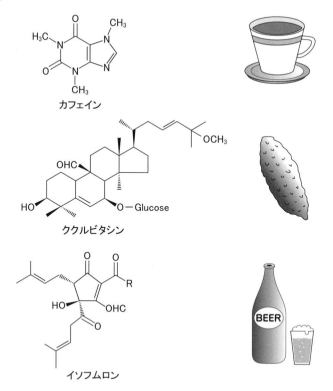

図 5.4　苦味物質のカフェイン，ククルビタシン，イソフムロン

(5) 旨 味

　旨味（umami）は以上の四原味とは独立した味と考えられています。昆布の旨味（グルタミン酸ナトリウム），かつお節の旨味（イノシン酸ナトリウム），しいたけの旨味（グアニル酸ナトリウム）などがあります（図 5.5）。

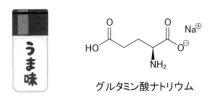

グルタミン酸ナトリウム

図 5.5　旨味成分

　以上，基本五味について紹介しましたが，一般には，辛味，渋味，えぐ味なども食べ物の味を表現するときに用いられます。これらの味は，味覚以外の皮膚感覚が刺激されたものです。辛味は痛覚を伴い，唐辛子には**カプサイシン**，わさびにはアリルイソチオシアネートといった辛味成分があります（図 5.6）。渋味は舌の粘膜が一時的に凝固する時に感じられ，お茶やワインのカテキン，タンニンに触れると発生する感覚です。

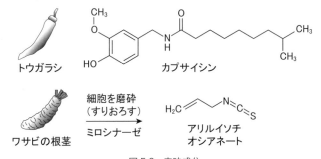

トウガラシ　　　　　　　　カプサイシン

ワサビの根茎　　　細胞を磨砕（すりおろす）／ミロシナーゼ　　アリルイソチオシアネート

図 5.6　辛味成分

　また，味が分からないという状態が起こることがあり，味覚障害とよばれます。味蕾を構成する味細胞（図 5.1）は新陳代謝が早く，1 ヶ月程度で新しくなりますが，味細胞を新たに生み出すには亜鉛（Zn）が必要なので，亜鉛が不足すると味覚障害に至ります。加工食品の取りすぎや，過度な運動が亜鉛不足を招くことがあります。さらに，降圧薬や利尿薬の副作用で味覚障害が引き起こされることがあります。味覚障害を改善するには亜鉛を多く含む食品を十分に

表5.1　亜鉛を多く含む食品（亜鉛含有量100gあたり）

分　類	食　品　の　例			
魚　介	牡　蠣 13.2 mg （5粒：7.9 mg）	たらこ 3.1 mg	ほたて貝（生） 2.7 mg	うなぎ 1.4 mg
肉・卵類	豚レバー 6.9 mg	牛・肩ロース （赤肉，生） 5.6 mg	鳥レバー 3.3 mg	卵黄 4.2 mg （1個：0.7 mg）
豆類・木の実	カシューナッツ （フライ） 5.4 mg	アーモンド （フライ） 4.4 mg	納豆（糸引き） 1.9 mg （1パック：0.8 mg）	豆腐（木綿） 0.6 mg （1丁：1.8 mg）
乳製品	プロセスチーズ 3.2 mg			
穀　類	精白米 0.6 mg （茶碗1杯：0.9 mg）	そば（ゆで） 0.4 mg	食パン 0.8 mg （6枚切り1枚：0.5mg）	

取る必要がありますが，牛肉やレバー，牡蠣やイワシなどの魚介類，しいたけ，海藻類に多く含まれています（表5.1）。食事で十分に亜鉛が取れない時は，亜鉛製剤（酢酸亜鉛；$Zn(CH_3COO)_2$）が用いられます。

5.2　嗅覚とにおい分子

　食べ物を口に入れて味わう前に，「におい」が認識されます。良いにおいに対して「匂い」，不快な場合は「臭い」という言葉が使われます。良い匂いは食欲を高めます。食品の香りは**香気成分**とよばれます。香りを識別する**嗅覚**は，鼻腔粘膜の嗅上皮にある嗅覚細胞が刺激される感覚です（図5.7）。ただし，嗅覚は非常に疲労しやすく，同じものを続けて嗅ぐと感じなくなるという性質があり，同一人物でも健康状態で感覚の鋭敏さは異なります。

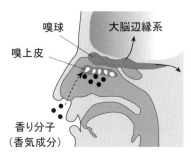

図5.7　香りの伝達

=== におい分子 ===

　果実類の香りには，テルペン類と脂肪酸エステルが多くみられます。テルペンとは図5.8のようなイソプレンという物質が構成単位となった，揮発性の化合物です。香辛料，ハーブ類ではシナモンのシンナムアルデヒドやオイゲノール，バニラのバニリン，ハッカのメントールなどがあり（図5.9），キノコ類の香り分子にはマツタケオールや桂皮酸メチルなどがあります（図5.10）。

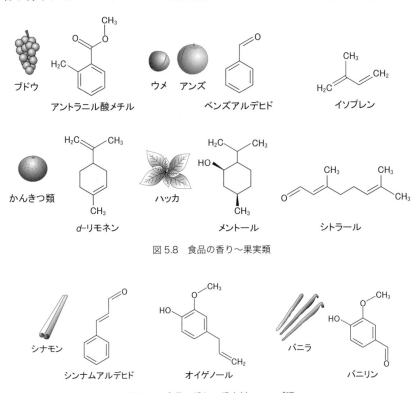

図5.8　食品の香り〜果実類

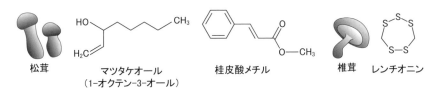

図5.9　食品の香り〜香辛料，ハーブ類

図5.10　食品の香り〜きのこ類

5.3 食品の機能成分

食品中の主要な栄養素としては**三大栄養素**，**五大栄養素**をあげることができます。

三大栄養素：糖質，脂質，タンパク質

五大栄養素：三大栄養素　＋　ミネラル，ビタミン

これらをもとに，体を形づくり，機能を維持するために細胞内で起こっている化学反応を**代謝**と言います(後編9章，10章，11章で詳解)。一方，これらの主要な栄養素以外にも，それぞれの食品には生理的に大切な働きをする分子も見い出されています。生理機能が解明されている代表的な食品成分を以下に紹介します。

(1) 食物繊維

食物繊維は糖がたくさんつながった多糖類（12.1節参照）ですが，消化酵素では分解されません。腸内細菌叢改善，整腸作用，血中コレステロール濃度低下などの作用を持つ食物繊維があります。種類も豊富で，大豆オリゴ糖，ガラクトマンナン，キトサン，アルギン酸ナトリウムなどがあります。また，きのこ類の*β*-グルカンには免疫増強作用が確認されています。

(2) カロテノイド

このグループに含まれる物質には，トマトの赤い色素であるリコペン，緑黄色野菜の*β*-**カロテン**などがあり，抗酸化作用を有します。図5.11のように*β*-カロテンは**ビタミンA**が2個つながった構造で，動物や人の体内でビタミンA（151頁参照）に変化します。

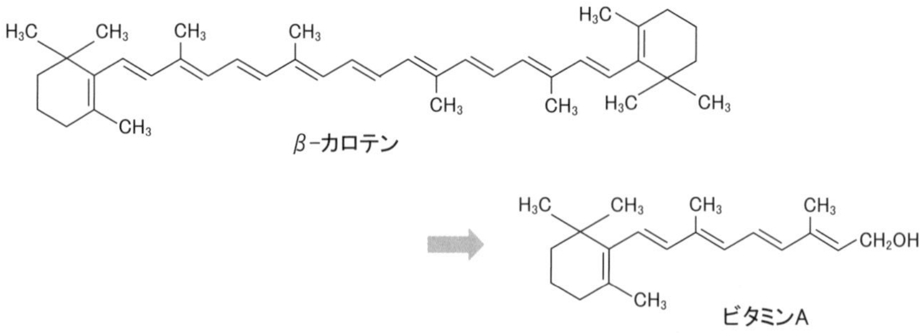

図5.11　*β*-カロテンからビタミンAの生成

（3）ポリフェノール

　ベンゼン環のような構造を芳香環といいますが，**ポリフェノール**（Polyphenol）は，同一芳香環に二個以上のヒドロキシ基（−OH）を有する化合物の総称です（図5.12）。多くの植物に含まれ，植物自身を害虫や紫外線などから守る働きがあります。ヒト体内では，発生する活性酸素を除去する抗酸化作用があり，がん，糖尿病，動脈硬化などを予防し，老化を抑制する機能を有しています。

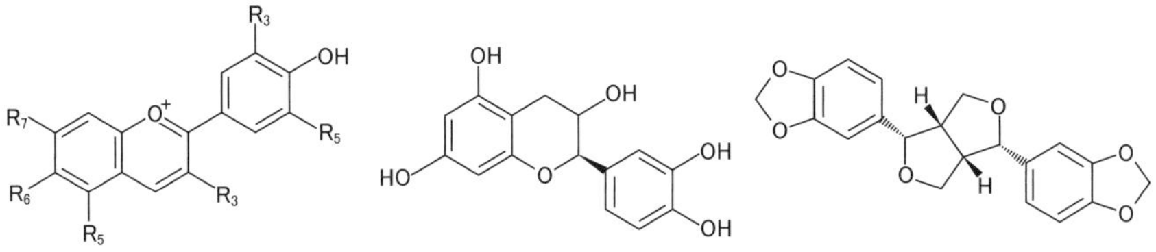

アントシアニン類　　カテキン　　セサミン

図5.12　ポリフェノールの構造

表5.2　ポリフェノールの食品例

アントシアニン	イソフラボン	カカオポリフェノール	カテキン	クルクミン	クロロゲン酸
ブルーベリー，ナス，赤ワイン，黒豆	大豆および大豆由来食品（豆腐，みそ汁など）	ココア，チョコレート	緑茶，紅茶，ウーロン茶	ウコン，ショウガ	コーヒー，ゴボウ，リンゴ，モロヘイヤ
ケルセチン	タンニン	フラバノン	ルチン	セサミン	レスベラトロール
タマネギ，ブロッコリー，エシャロット，リンゴ	柿，レンコン，茶，赤ワイン	レモン，ミカン	そば，アスパラガス	ゴマ	赤ワイン，ピーナッツ（薄皮）

（4）脂肪酸

　n-3系脂肪酸*であるDHAやEPA（13章参照）は表5.3のように魚に多く含まれています。ヒトの体でほとんど合成できないので，1日あたりの摂取目安量は，n-3系脂肪酸全体として約2gが定められています。血中コレステロール低下作用，血栓溶解作用などの機能を有しています。

---

*　末端から3番目の炭素が二重結合を含む脂肪酸
$$\overset{1}{C}-\overset{2}{C}-\overset{3}{C}=\overset{4}{C}-C\cdots\cdots C-COOH$$

表 5.3　DHA, EPA を多く含む魚の種類

種類	DHA 量 (mg)	種類	EPA 量 (mg)
クロマグロ（脂身）	3,200	ノルウェーサバ	1,800
ノルウェーサバ	2,600	サンマ（皮付き）	1,500
サンマ（皮付き）	2,200	クロマグロ（脂身）	1,400
ブリ	1,700	カタクチイワシ	1,100
タチウオ	1,400	タチウオ	970

文部科学省「日本食品標準成分表 2020（八訂）」を元に作成

(5) 硫化アリル

　硫化アリルは玉ねぎ，ニンニクなどに豊富に含まれます（図 5.13）。疲労回復，血中コレステロール低下，殺菌，血栓生成予防などの効果があります。また，硫化アリルは揮発性のため，玉ねぎを切ると目を刺激する催涙作用があります。水につける他，冷やして玉ねぎの温度を下げることで揮発性を低下させることができます。

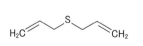

図 5.13　硫化アリル

5.4　食品における化学反応

　食品の加工や調理，貯蔵中にはさまざまな化学反応が起こります。例えば，タンパク質の変性（10 章），脂質の酸化などがあります。米の加熱により，デンプンがのり状になる反応は**糊化**とよばれます（図 5.14）。

　食品を保存したり調理している間には，茶色へと変化することがあります。これを**褐変**といいます。例えばゴボウの皮をむいたのちに空気にさらすと，ゴボウの中の酵素の作用でポリフェノールが酸化され，茶色になります。すぐに

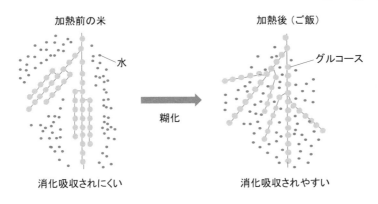

図 5.14　デンプンの糊化反応

水につけたり，加熱したりすることで褐変を防ぐことができます。

　また，加熱調理の間に褐変が見られる食品では，加熱によって進行する化学反応が起こる場合があります。食品中の糖とアミノ酸が反応し，メラノイジンという色素が生成します。焼き菓子，パン，コーヒー，焼き鳥などの焼き色は，この**メイラード反応**を利用したものです（図 5.15）。

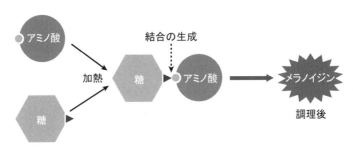

図 5.15　メイラード反応

5.5　調味料

　日本では調味料を入れる順番について，「さしすせそ」と頭文字をとった語呂合わせがあり，それぞれ，砂糖，塩，酢，醤油，味噌のことを指します。これらの調味料には次のような化学的な成分が知られています。

┌─ **コラム** おいしさの構成要素 ─────────────────────┐

みなさんが食べ物を「おいしい！」と感じるのは味そのものに加え，香りや風味，テクスチャー，彩り，雰囲気，そして体調などにも左右されます。育った食環境にも影響を受ける実に興味深い現象です。

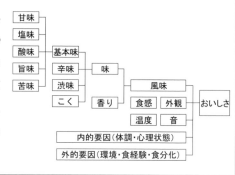

└──────────────────────────────────────┘

砂糖：砂糖の原料はサトウキビ，テンサイであり，化学的な成分はスクロース（ショ糖）です。

食塩：主成分は塩化ナトリウム（NaCl）。これに塩化カリウム（KCl）や塩化マグネシウム（MgCl₂）などが含まれます。

醤油：大豆を水につけ，小麦と混合し，麹かびが作る酵素でタンパク質やデンプンを分解し，発酵させて搾汁したものです（85頁，図 7.7 参照）。

食酢：醸造酢と合成酢に分類されます。醸造酢は米や酒粕を原料として，アルコール発酵後，酢酸菌を使って発酵させて作ります。合成酢は酢酸を水で希釈し，呈味成分を混合したものです。

上記のほか，みりん（アルコール，糖分を含む）やソースもよく用いられます。ソースは玉ねぎ，トマト，にんじん，りんごなどの野菜や果物の煮汁に，食塩，砂糖，酢，香辛料などが加えられ，熟成したものです。

5.6　保　存

食品を長持ちさせるには，カビや菌の増殖を防ぐことが重要です。冷蔵庫や冷凍庫では，温度を下げて保管することでカビや菌の増殖や，それらによる化学反応を抑えることができます。さらに，表 5.4 のような保存方法は昔から現在に至るまで用いられている方法で，温度を下げて保管する方法と併用することで，保存の効果を上げることができます。

表5.4 食品の保存方法

保存の種類	例	特徴
干す	干し魚，干し大根，干し柿，昆布，干し芋，ドライフルーツなど	水分を抜くことで軽くなり，運びやすくなる
塩を使う	漬物，梅干し，塩辛，荒巻鮭，ハムなど	塩の「水分を抜く」性質を活かし，食材と付着する細菌からも水分を奪うので，保存期間が長くなる。
煙で燻す	かつおぶし，魚の燻製，燻製肉，，ハム，サラミなど	表面に膜ができるため，雑菌の侵入を防ぐ効果がある。また，いぶすことで独特な香りも生まれる。
凍らせて乾燥させる	凍み豆腐（高野豆腐など），凍みこんにゃく，凍み大根など	薄く切り，屋外に干す。夜の間に水分が凍って表面に付着し，昼に溶けて蒸発する。
油やアルコールを使う	魚（イワシなど）の油漬け，果実酒（梅酒など），粕漬け（奈良漬けなど）	干しても水分が残る場合，油やアルコールに漬けこみ，空気を遮断して細菌の繁殖を妨ぐ。
砂糖を使う	ジャム，マーマレード，ゆべしなど	糖度が高い場合，細菌から水分を奪う性質がある。果物に砂糖を加えて火にかけ，水分を蒸発させる。
酢を使う	しめサバ，酢漬け（ピクルスなど），マリネなど	酢を用いると食べものは傷みにくくなる。これは酢に含まれる酢酸が細菌の繁殖を妨げるから。
発酵させる	漬物，なれずし（フナずしなど），チーズ，キムチ，ピータンなど	有益な微生物や酵素の働きによる「発酵」を活かしたもの。フナずしなどの「なれずし」のごはんは，食べるためでなく，発酵させるために使われている。

出典：ミツカン水の文化センター機関誌「水の文化」52号

◆まとめ◆

＊味や匂いのヒトの感覚は，様々な化学物質によって刺激される。

＊食品には5大栄養素以外にも生理機能をもたらす化学物質がある。

＊食品の調理や貯蔵中には化学変化が起き，原材料に含まれていた分子に変化が生じていることがある。

◆章末問題◆

【1】 下記の文章の空欄に適する語句を入れよ。

(1) 基本五味は甘味，酸味，塩味，（　A　），（　B　）である。

(2) 辛味は（　　）を刺激する。

(3) 味細胞が機能するためには（　　）が必要である。

(4) 果実類の香り成分のテルペン類は（　　）が構成単位となっている。

(5) シナモンの香り分子にオイゲノールや（　　）がある。

(6) β-カロテンからは（　　）が生成する。

(7) 玉ねぎの（　　）は揮発性で，疲労回復，殺菌，血中コレステロールの低下作用を有する。

(8) 米を加熱すると，（　　）する。

(9) 食品中の糖とアミノ酸が反応し，メラノイジンが生成するのは（　　）とよばれる。

(10) ポリフェノールとは（　A　）に二個以上のヒドロキシ基を有するもので,（　B　）作用がある。

6 生活の中の素材〜合成品と天然物

　私たちの暮らしを支える物質には，自然界に存在するものを活用した天然材料と，化学合成の技術により生み出された合成材料があります。天然物と合成品の違いについて調べ，私たちの生活を豊かにしてきたこれらの高分子素材について取り上げ，化学特徴についても学びます。

　◆この章で学ぶこと
　　1　天然物と合成品の違いと特徴について
　　2　プラスチックの特徴と構造
　　3　日用品の素材について

6.1　天然物と合成品

　自然界に存在する物質を，抽出や濃縮などの操作で取り出し，化学構造を変えずに利用する場合，天然物とよばれます。一方，自然界に存在する物質を元に，化学反応により物質の構造を変化させてから利用する場合は合成品と呼ばれます。特に，有機物質に含まれる炭素（C），酸素（O），水素（H）については，

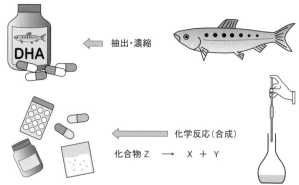

図6.1　天然物と合成品についてのイメージ

試験管の中の化学反応でそれぞれの結合を切断したり，新たな原子を付加することができ，このような技術を**有機合成**といいます。そして，合成品といった場合は一般に有機合成によって生み出された物質を指します。この章では特に天然並びに合成高分子について取り上げます。

6.2 高分子とは

同じ化学構造を有する単位分子，すなわち**モノマー**（monomer）が，繰り返し連結されたものを**高分子**（polymer）といいます。さらに高分子は図 6.2 のように，天然高分子と合成高分子に分類されます。天然高分子は，グルコース（ブドウ糖）が繰り返し連結したデンプンやセルロースのほか，異なる種類のアミノ酸が多数連結したタンパク質などが当てはまります。合成高分子は，熱に対する性質によってさらに分類され，加熱により軟らかくなる熱可塑性樹脂と，硬くなる熱硬化性樹脂があります。

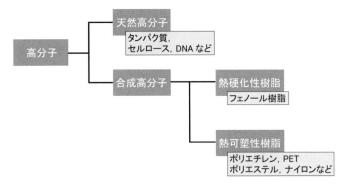

図 6.2　高分子の分類

6.3 繊　維

衣類に用いられる**繊維**（fiber）には，ポリエステルのような合成素材だけでなく，コットンなどの天然素材があります。天然繊維であるコットン，シルク，石油を原料とした合成繊維であるナイロン，ポリエステル，ポリアクリロニトリルなどを例とし，以下に紹介します。

(1) コットン（綿）

コットンの原料は綿花で，ほとんどは日本国外から輸入しています。コット

ンの主成分は**セルロース**です。また，中空（ルーメン）構造を有しているので，保温性や吸湿性などの特性がみられます。

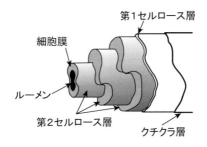

図6.3　コットン（セルロース）の構造

（2）シルク

　シルクは，蚕（かいこ）が桑の葉を食べて作り出した繭（まゆ）を原料にしてできた繊維です。繭糸の主成分はフィブロインとセリシンという2種類のタンパク質です。いずれもアミノ酸が重合してできた高分子です。繭糸をアルカリ性水溶液で加熱する過程（精錬という）で，外側のセリシンが除去され，フィブロインが出現します。フィブロインフィラメントは半透明で，光を通す性質と，光を表面で反射する特徴を持つので，シルク特有の光沢が生まれます。

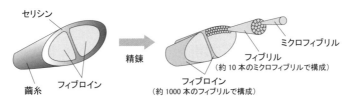

図6.4　繭糸から得られるシルク

（3）レーヨン

　レーヨンは合成繊維に分類されますが，原料は石油でなく多糖です。木材から得られるセルロース（パルプ）は繊維として短いので，直接衣服に用いることはできません。そこで，一度溶かして水あめ状の**ビスコース溶液**を作ります。このビスコース溶液をノズルから押し出すとレーヨン繊維が形成されます。分

類上は再生繊維ともいわれます。スリットから押し出すとセロファン，滴下すると球状セルロース粒子が生成します。この球状の粒子は，化粧品や研磨剤などに含まれるマイクロプラスチックビーズの代替品として，海洋プラスチックの問題解決策の一つとしても注目されています。

図6.5　レーヨン

（4）ナイロン

　ナイロンはアメリカのデュポン社で開発され，石油から作られた材料を合成することで生まれたポリアミド（−CO−NH−がアミド）合成繊維です。「絹よりも細く，丈夫で安い」というナイロンは世界中で話題になり，1940年に売り出された500万足のストッキングは4日で売り切れたそうです。ナイロンはストッキングのほか，さまざまな衣類やロープ，パラシュート，傘，釣り糸などに用いられています。ナイロン-6やナイロン-6,6などいくつかの種類がありますが，数字は単量体（構成単位）に含まれる炭素の数を示しています。

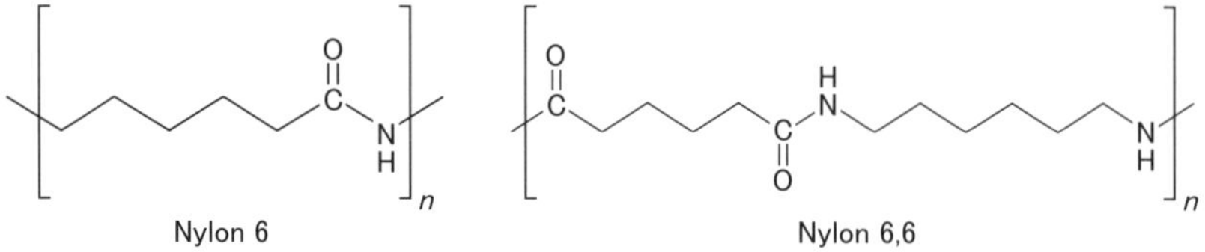

Nylon 6

Nylon 6,6

図6.6　ナイロンの構造

折れ線の頂点や直線の末端には炭素（C）がありますが，"C"は表記しないことがあります。

(5) ビニロン

　ビニロンは，桜田一郎らによって初めて合成され，ナイロンに続いて世界で2番目に登場した合成繊維です。強度が強く，耐薬品性に優れています。ナイロンのように衣類に用いられることは少ないですが，魚網やロープなどで用いられています。

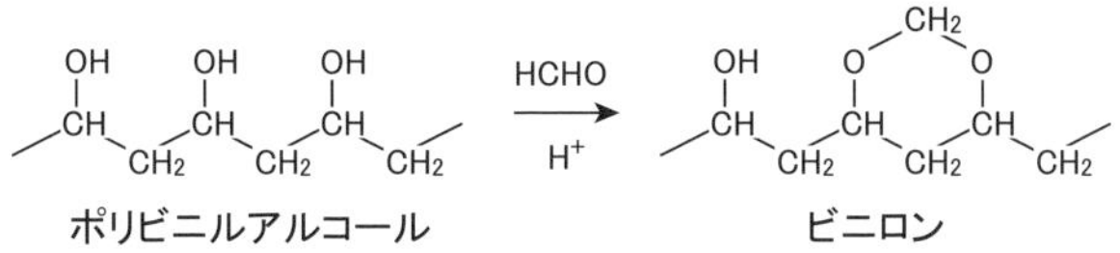

図6.7　ビニロン

(6) ポリエステル

　ポリエステルも，石油などに由来する原料から作られる合成繊維です。ペットボトルの原料でもある **PET**（6.5 プラスチックの項参照）で作られる繊維が一般的です。強度があり，すぐ乾き，シワになりにくい性質があります。衣服の他にインテリアなどでも需要が多く，ポリエステルは生産量が最も多い合成繊維です。石油の消費量を抑えるために，植物由来のポリエステルの開発も行われています。

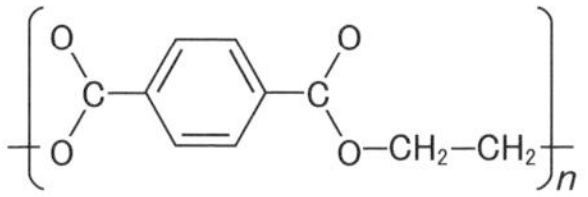

図6.8　ポリエステルの構造

(7) アクリル繊維，ニトリルゴム

　アクリル繊維はアクリロニトリルを重合したポリアクリロニトリルで，繊維にする際はこれを溶かして，ノズルから押し出して作ります（図6.9）。羊毛よりも軽く，保温性が高く，シワになりにくい性質があります。また，アクリロニトリルはブタジエンと重合することで，ニトリルゴムを作ることができます。ニトリルゴムは天然のゴム手袋に比べて耐摩耗，耐薬品性に優れているので「ニトリル手袋」に用いられ，医療や食品衛生の場面で利用されています。

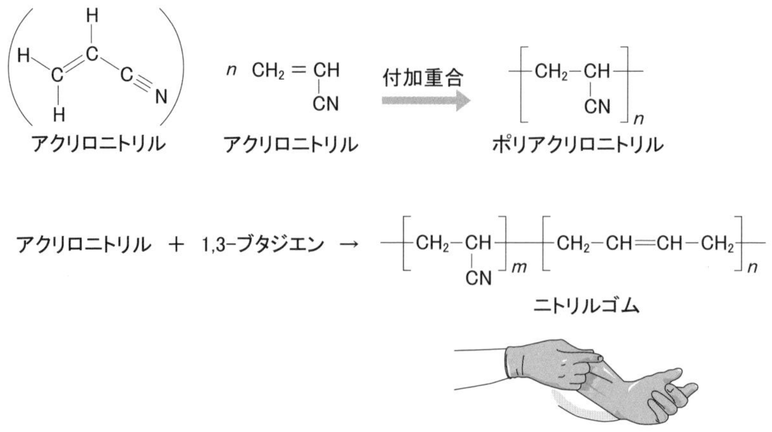

アクリロニトリル　　アクリロニトリル　付加重合→　ポリアクリロニトリル

$$n \ CH_2 = CH \atop \qquad CN$$

$$\left[CH_2 - CH \atop \qquad CN \right]_n$$

アクリロニトリル ＋ 1,3-ブタジエン → $\left[CH_2 - CH \atop \qquad CN \right]_m \left[CH_2 - CH = CH - CH_2 \right]_n$

ニトリルゴム

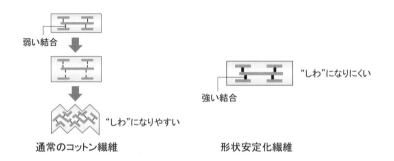

図6.9　アクリロニトリルから作られるポリアクリロニトリル(アクリル繊維)とニトリルゴムの構造

（8）形状安定化繊維

　洗濯を繰り返しても，新品の時に近い形が保持されている繊維を，**形状安定化繊維**といいます。形状記憶繊維ということもありますが，形状記憶は東洋紡の登録商標なので，こちらは同社の製品に使われる名称です。ワイシャツの素材には，吸湿性のあるコットンがよく用いられますが，洗濯で水を吸い込むと繊維同士がバラバラになり変形します。このような繊維構造が変形したまま乾燥すると，その状態が固定され，"しわ"になってしまいます。そこで，コットンの繊維分子同士をしっかりと連結（架橋）させて，水を吸っても変形しにくくしたものを形状安定化繊維として利用しています（図6.10）。

弱い結合

"しわ"になりにくい

強い結合

"しわ"になりやすい

通常のコットン繊維　　　　形状安定化繊維

図6.10　形状安定化のしくみ

（9）アラミド繊維

　アラミド繊維は耐熱性，難燃性，耐切断性，耐摩耗性を持つ合成繊維です。消防服や防弾ベストなどに用いられています。化学構造はベンゼン環とアミド基（-CO-NH-）の繰り返し構造を有しています。耐衝撃性を活かして，スマートフォンのケースにも用いられています（図6.11）。

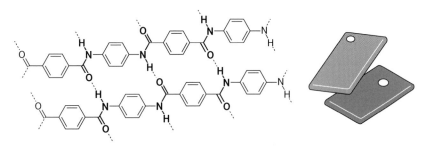

図6.11　消防服，スマホケースなどに用いられるアラミド

6.4　石けん，シャンプーなど

（1）石けん

　手を洗う時には，水で汚れを落とすために石鹸を使います。石鹸は，天然の油脂に水酸化ナトリウムを加えてつくられます。例えば，牛脂やパーム油から得られる脂肪酸のステアリン酸に水酸化ナトリウムを反応させると，石鹸成分であるステアリン酸ナトリウムが得られます。

$$C_{17}H_{35}-COOH \ + \ NaOH \ \longrightarrow \ C_{17}H_{35}-COONa$$

　　ステアリン酸　　　　　　水酸化ナトリウム　　　　ステアリン酸ナトリウム

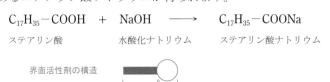

図6.12　石鹸の生成と石鹸を使った洗浄
ステアリン酸ナトリウムの場合は $C_{17}H_{35}$ の部分が親油基となる（出典：シャボン玉石けん株式会社）

（2）シャンプーとリンス

　私たちは，頭髪や頭皮に付着した汚れ（ほこり，皮脂など）を洗い流す際にシャンプーを使います。シャンプーには一般に，陰イオン界面活性剤が用いられ，ポリオキシエチレンラウリルエーテル硫酸塩などがあります。

$$C_{12}H_{25}O \left(C_2CH_2O \right)_n SO_3^- Na^+$$

図6.13　ポリオキシエチレンラウリルエーテル硫酸塩の構造

　疎水性のラウリル基が皮脂や油など水に溶けにくいものを包んで**ミセル**を作り，親水性の硫酸イオンが水に溶けやすい性質を与えるので，汚れを包んだミセルが水で洗い流されやすくなります。

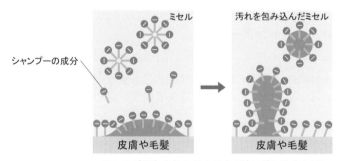

図6.14　シャンプーによる汚れの除去

　シャンプーの後につけるリンスは図6.15のような陽イオン界面活性剤という成分を含んでいます。

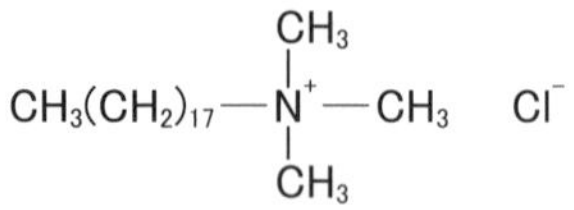

$$CH_3(CH_2)_{17} - \overset{\overset{\displaystyle CH_3}{|}}{\underset{\underset{\displaystyle CH_3}{|}}{N^+}} - CH_3 \quad Cl^-$$

図6.15　リンスの成分塩化ステアリルトリメチルアンモニウム

　洗髪後の毛髪の表面は，マイナスの電気を帯びているので，リンスの成分である陽イオン界面活性剤はその陽イオン部分（親水基）で毛髪表面に付着します（図6.16上）。髪の毛の成分にはタンパク質のペプチド結合があり，この酸素の部分が陰イオンとなっていて，リンスと結合しやすいのです（図6.16下）。また，油の性質を持つ疎水性部分が外側に向いているので，髪の毛は滑らかになり，静電気の発生が低減されます。その結果，くしやブラシの通りがスムーズになるのです。また，トリートメント成分として用いられるシリコーンは，撥水性があり，ベトつかず，髪の毛に塗布し洗い流すとサラサラした手触りになります。

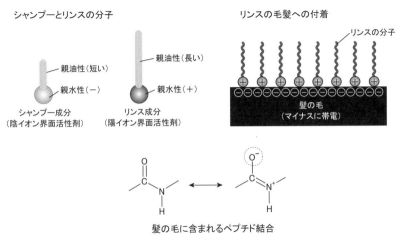

図6.16　リンスの髪の毛への結合

　また，市販のシャンプーやリンスには，カビや細菌の発生を防止するために，安息香酸やパラベンが防腐剤として添加されていることがあります（図6.17）。

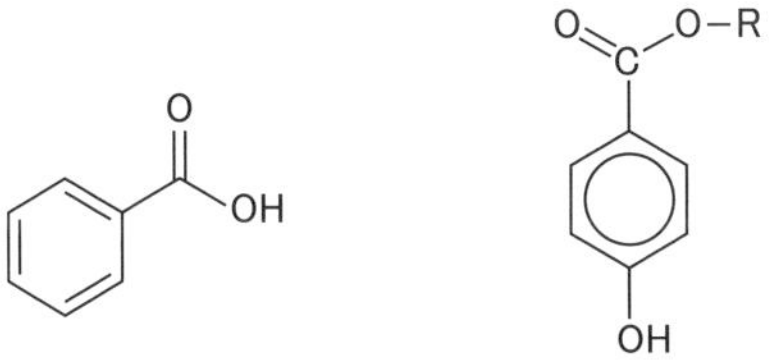

図6.17　安息香酸とパラベン

ベンゼン環（六角形の部分）の表記の方法は上のように2通りあります（どちらで表記してもOK）。

6.5 プラスチック

　合成品といえばプラスチックを想像する人が多いかと思います。プラスチックという言葉は "Thermoplastic resin"（**熱可塑性樹脂**）に由来します。熱をかけると形を変えることができる素材ということです。世界中でさまざまなプラスチックが利用されていますが，おもな物を例に紹介したいと思います。

(1) ポリエチレン

　ポリエチレン（polyethylene；PE）はエチレンを多数重合して作ったプラスチックです（図 6.18）。防水性，耐水性が求められる製品に用いられます。レジ袋や食品容器，バケツなど幅広い用途があります。軟化温度が低いので加工性が良いのですが，紫外線には弱いという性質もあります。

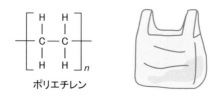

ポリエチレン

図 6.18　ポリエチレンの構造と用途

(2) ポリプロピレン

　ポリプロピレン（polypropylene；PP）は強度が強く，耐熱温度はポリエチレンが約 80℃であるのに対し，ポリプロピレンでは約 120℃で耐熱性の点でも優れています。自動車のバンパーなどの部品，家電製品の部品，哺乳瓶，シリンジ（注射器）など，幅広く用いられているプラスチックです（図 6.19）。フィルム加工されたものはお菓子の袋にも利用されています。

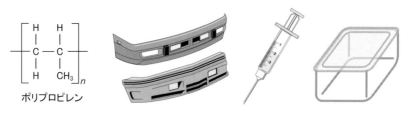

ポリプロピレン

図 6.19　ポリプロピレンの構造と用途

(3) ペット PET

　多くのお茶や清涼飲料水の容器として，ペット（**PET**）ボトルが用いられています。ペットとは Polethylene terephtalate の略で，エチレンとフタル酸が連結した分子です（図 6.20）。かつて，ジュースやスポーツドリンクはスチールやアルミニウム缶で販売されていたことがありましたが，現在ではほとんどがペットボトルに置き換わっています。使い勝手や運搬の利便性から，多くの場面で PET が利用されています。

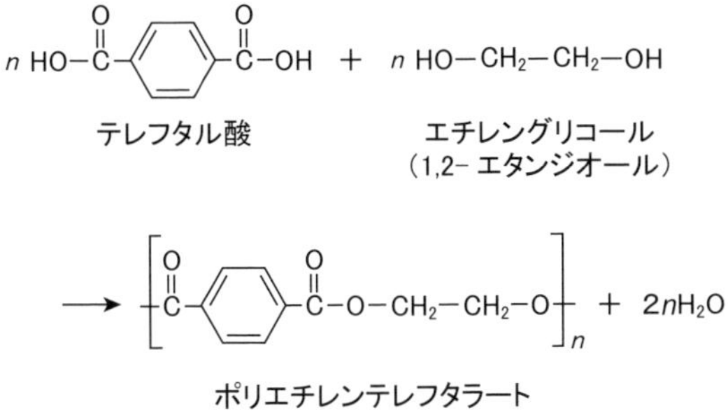

$$n\ HO-\underset{O}{\overset{O}{C}}--\overset{O}{\underset{O}{C}}-OH\ +\ n\ HO-CH_2-CH_2-OH$$

テレフタル酸　　　　　エチレングリコール
（1,2-エタンジオール）

$$\longrightarrow \left[\underset{O}{\overset{O}{C}}--\overset{O}{\underset{O}{C}}-O-CH_2-CH_2-O\right]_n\ +\ 2nH_2O$$

ポリエチレンテレフタラート

図 6.20　PET の合成

(4) 生分解性プラスチック

　一般的なプラスチックとは異なり，生分解性プラスチックは微生物のはたらきにより，モノマーのレベルまで分解される性質があり，最終的に水と二酸化炭素となって循環することが期待されています。例えば，ポリ乳酸は食品の包装や包装容器として使われています。また，生体内では加水分解し，生体吸収性に優れているポリ乳酸やポリグリコール酸は，医療分野で，骨接合材や縫合糸などに用いられています（図 6.21）。

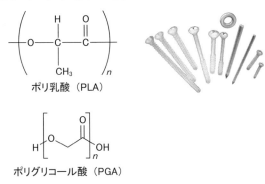

ポリ乳酸（PLA）

ポリグリコール酸（PGA）

図 6.21　生分解性プラスチックの例

(5) 食品用ラップ

サランラップ，クレラップといった商品名が浸透しています。ラップの成分であるポリ塩化ビニリデン（polyvinylidene chloride，PVDC）は，酸素の透過や水蒸気の散逸を遮って，食品の酸化を防止し，水分維持に効果があります。また，様々なガスを遮断し，食品の香りを保ち，移り香を防止できます（図 6.22）。

ポリ塩化ビニリデン

図 6.22　ポリ塩化ビニリデン

6.6　情報，音楽

(1) CD，DVD，BD

CD，DVD，BD ではいずれもレーザー光でディスクに情報を保存しています。**ポリカーボネート**などのプラスチックにデータを記録します。ポリカーボネートは透明度が高いのでこれらのディスクの基板として用いられています。

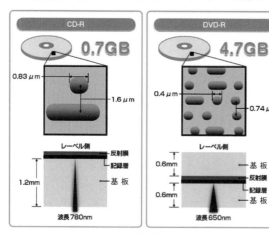
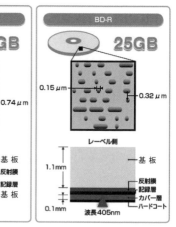

図 6.23　CD-R, DVD-R, BD-R の比較
（データ容量が増えるにつれて，記録マークであるピットの大きさと間隔は狭くなる。）

（出典：日経パソコン 2010 年 7 月 12 日号）

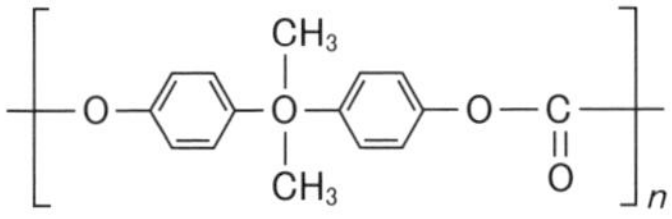

$$\left[O - \left\langle \bigcirc \right\rangle - \overset{\underset{\displaystyle CH_3}{|}}{\underset{\underset{\displaystyle CH_3}{|}}{C}} - \left\langle \bigcirc \right\rangle - O - \overset{\displaystyle O}{\underset{\displaystyle \parallel}{C}} \right]_n$$

図 6.24　ポリカーボネートの構造

(2) テレビ，モニター

　テレビやモニターに用いられていたブラウン管の製造は終了しました。これに変わり，奥行きを取らないテレビ，パソコンのモニターが大半を占めるようになり，プラズマ，液晶，有機 EL などが用いられています（図 6.25）。

　プラズマディスプレイでは，放電により紫外線を発生させて蛍光体を光らせています。赤（R），緑（G），青（B）の光を出す蛍光体を 3 つ並べることで，カラー液晶と同様に，あらゆる色を表現することができます。

　有機 EL（organic electro-luminescence）は，「電気を使って有機化合物を発光させる」現象を意味します。ルミネッセンスは電球のように熱ではなく，化学反応によって光を出す現象です。

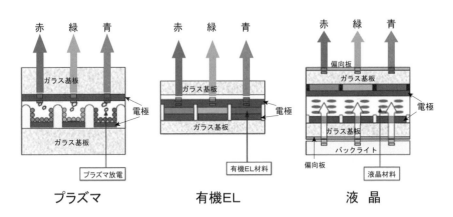

図 6.25　プラズマ，有機 EL，液晶の違い

（出典：ENDJapan「今更聞けないデジタル技術の仕組みを解説／夢の薄型テレビ，大型有機 EL」）

　液晶（liquid crystal）とは 1888 年に植物学者のライニッツァーによって発見された性質です。温度により透明度が変わる物質があり，液体と結晶の中間的

なものということで液晶と名付けられました。電圧をかけると液晶の分子の向きが変わる性質を利用し，液晶を2枚の偏向板（一定の向きの光のみ通過）で挟んで光の明暗を作り出します。この液晶素子に赤（R），緑（G），青（B）の光の三原色のフィルタをつけ，3個1組で1つの点を表現し，光を通す量を調整することで，任意の色の光を作ります。これらの点の集まりで映像作るのが液晶ディスプレイです。

(3) 音 楽

金管楽器の素材は真鍮（しんちゅう）（Brass）です。真鍮は銅と亜鉛の合金です。近年ではプラスチックで作られたトランペット，トロンボーン，ユーフォニアムなども製造されています。これらの楽器の合金素材の代わりに，ABS樹脂（図6.26）を用いることで，従来の楽器に比べ半分以下に軽量化されたものがあります。また，ABS樹脂は衝撃に強く，高温や低温にも耐える性質を有しています。アクリロニトリル，ブタジエン，スチレンが重合した構造です（図6.26）。

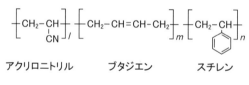

図 6.26　ABS 樹脂の構造

━━━━◆まとめ◆━━━━

＊高分子には天然高分子と合成高分子があり，日常用いられている繊維にも天然繊維と合成繊維に区別できる。

＊石鹸やシャンプーで油汚れを除去できるのは，水中でミセルという球状粒子が形成されるためである。

＊プラスチックは熱可塑性樹脂のことであり，さまざまな種類の素材が合成され，石油由来のものが多い。

◆章末問題◆

【1】文章中の空欄に入る適切な語句を答えよ。

(1) コットンの主成分は（　　　）である。

(2) シルクの主成分は（　　　）がつながったフィブロインという高分子である。

(3) （　　　）繊維は消防服などに用いられる。

(4) 飲料水の容器に用いられる PET の原料は，（　A　）と（　B　）である。

(5) 最も多く生産されている繊維である（　　　）は，すぐ乾き，シワになりにくい。

(6) アクリロニトルを原料にしたものに，衣服に使われる（　　　）繊維，手袋に使われるアクリルゴムなどがある。

(7) 形状安定化繊維では，コットン繊維同士を（　　　）しているので，吸水しても変形しにくい。

(8) シャンプーの成分は（　　　）を作り，汚れを水で流しやすくする作用がある。

(9) ポリプロピレンの耐熱性はポリエチレンよりも（　　　）い。

(10) ポリエチレンでできた洗濯バサミを外干しに使うと劣化しやすいのは（　　　）に弱いためである。

7 微生物と物質

　これまで学んできた身の回りの物質は，目で確認できない原子や分子から成り立っていました。同様に，目で見ることができないサイズの生物，すなわち微生物も私たちの周りに数多く存在しています。微生物は自己増殖できる生物ですが，それ自体が物質の集合体でもあり，さまざまな物質を作り出す機能を有しています。本章では微生物の基本的な性質や分類と，関連する化学物質についても紹介します。

◆この章で学ぶこと
  1　微生物と人
  2　微生物の分類
  3　微生物が引き起こす病気
  4　微生物による持続可能なエネルギー源の開発

7.1　微生物と人のかかわり

　私たちヒトの体は 37 兆個の細胞でできています。一方，ヒトの体にはその数を超える微生物が住み着いています。例えば，口腔内には虫歯の原因となる虫歯菌や，皮膚にはニキビの原因となるアクネ菌が存在します。いずれも**常在菌**と呼ばれ，私たちの体に住み着いていて，数が多くなると虫歯やニキビなどの問題を引き起こします（図 7.1）。

　最も微生物の数が多いのが腸内で，その数は 100 ～ 1000 兆個と見積もられています。常在菌を含め，自然界に存在し，さまざまな場面で遭遇する微生物の姿は，17 世紀のレーウェンフックによる顕微鏡の発明以降，次々と明らかになってきました。さらに当時，一般的に受け入れられていた「微生物は自然発生するとされていた説（**自然発生説**）」に対して，パスツールは図 7.2 のよう

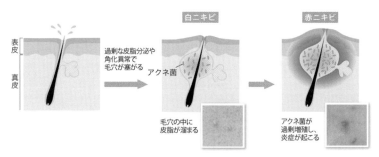

図7.1 普段は保湿に貢献しているアクネ菌がニキビの原因となる
(日本メナード㈱提供 https://corp.menard.co.jp/research/tech/tech_04_06.html)

な**白鳥の首フラスコ**を開発し，滅菌した肉汁から微生物が自然発生しないことを証明しました。あわせてパスツールは，加熱滅菌法や液体培養法など現代の微生物研究の基礎を築きました。

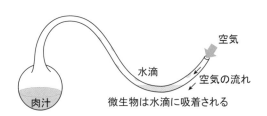

図7.2 パスツールの白鳥の首フラスコ

7.2 分　類

　微生物という言葉は，細菌，真菌，ウイルスのほか，原生生物（微細藻類，原生動物）など，一つ一つを肉眼では見ることが難しい生物をさします。この章では，細菌，菌類，ウイルスについて取り上げます。

(1) 目に見えない区別～遺伝学的分類，酸素要求性

　細菌は**原核微生物**であり，核を持ちません。遺伝情報である染色体は，細胞膜で囲まれた細胞内全体（細胞質）に漂っています。そして，真菌は**真核生物**であり，染色体は核膜によって閉じられた核内に存在しています。また，ミトコンドリアなどの膜で囲まれた区画，すなわち**オルガネラ**が存在します。

また，酸素がある状態で生息する好気性菌，酸素がない状態で増殖する嫌気性菌に分けることができます。このような特徴づけを**酸素要求性**といい，さらに表 7.1 のように分類されます。

表 7.1　酸素要求性と微生物の例

	性　質	例
通性嫌気性	酸素があってもなくても生育可能	乳酸菌，大腸菌
偏性嫌気性菌	特に酸素を嫌い，大気中（酸素 20%）では生育しない。	歯周病菌，ビフィズス菌，クロストリジウム，ボツリヌス菌
好気性菌	酸素がないと生育できない	枯草菌，酢酸菌
微好気性菌	酸素が 10%程度以下で生育する	カンピロバクター，ウェルシュ菌

（2）見た目による分類

　微生物は，細菌，真菌，ウイルスそれぞれで大きさが異なります。細菌や真菌は通常の実験室にあるような光学顕微鏡で観察することができますが，ウイルスは電子顕微鏡でないと姿を見ることができません。

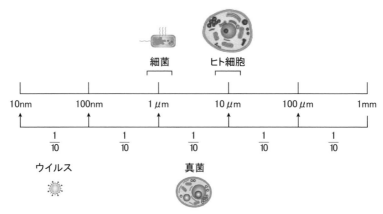

図 7.3　微生物の大きさ
目盛りは $\frac{1}{10}$ ずつの対数となっていることに注意

　細菌は顕微鏡で観察した形態により，主に**桿菌**，**球菌**，**らせん菌**などに分類することができます。

　桿菌とは棒状または円筒形をしている菌を指します。**大腸菌**（*Escherichia*），**サルモネラ菌**（*Salmonella*），**乳酸菌**（*Lactobacillus*）などがあります。

　球菌には球形の個々の菌が鎖のように連なったように見える**レンサ球菌**（*Streptococcus*）や，ブドウの房状に見える**ブドウ球菌**（*Staphylococcus*）などがあります。また，2個の対をなして存在しているものは**双球菌**（*Diplococcus*）といいます。

　らせん菌はらせん状をしていて，**腸炎ビブリオ**（*Vibrio*），**カンピロバクター**（*Campylobacter*），**スピロヘータ**（*Spirochaetes*）などが知られています。

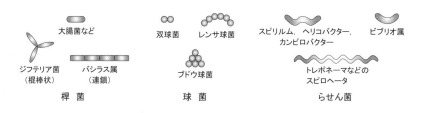

図 7.4　形態による細菌の分類

　真菌は細菌より大きいものが多く，例えば大腸菌が 1 μm 程度であるのに対し，真菌である酵母の大きさは 5 - 10 μm です。例えば，真菌に分類される酵母は真核モデル生物として用いられ，いくつかの種類が知られています。パンやビールの発酵にも用いられる**出芽酵母**（*Saccharomyces cerevisiae*）の増殖では，母細胞から出た芽が成長し，娘細胞として分離します（図 7.5 左）。一方，**分裂酵母**（*Schizosaccharomyces pombe*）は動物細胞のように二分裂で増殖します（図 7.5 右）。

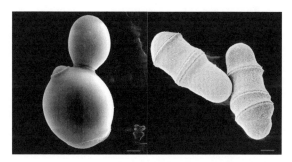

図 7.5　酵母の走査電子顕微鏡（SEM）画像

（大隈正子　日本女子大学名誉教授　提供）

7.3 発酵と腐敗

発酵（fermentation）とは微生物による化学変化をさします。日本の代表的な発酵食品である納豆は，大豆に枯草菌が作用し，栄養成分を作り出します。古くは，蒸した大豆を藁に包んで発酵させていて，この藁の中に住んでいる**枯草菌**（*Bacillus subtilis*）が大豆に作用しました。発酵の後は，大豆タンパク質が分解されたペプチド，ビタミンK，ナットウキナーゼ，などが増加しています。納豆のネバネバ成分のポリγグルタミン酸は栄養だけでなく，環境浄化にも有用であるとされています。また，発酵食品で世界一臭いと言われるスウェーデン産のニシンの缶詰「シュールストレミング（surströmming）」は，別の微生物である *Halanaerobium* が発酵を進め，強烈なニオイの元となる物質を作り出します。

図7.6　発酵食品では，もとの大豆やニシンの化学成分は変化している

では，発酵と同じように用いられる用語の**腐敗**（spoilage）とは，どのように区別されるのでしょうか。人にとって有益な場合は発酵，有害または不快な物質を作り出す場合は腐敗と言います。不快かどうかの判断は人間の感覚によるところなので，ある人が発酵とみなした現象でも，別の人が不快と感じるのであれば，その人にとっては腐敗となってしまいます。本書では，一般的に発酵とみなされている現象，ならびに発酵に関連する物質について説明します。

(1) アルコール飲料

出芽酵母（*Saccharomyces cerevisiae*）は，日本酒，ビール，ワインなどさまざまなアルコール飲料の製造（醸造）に用いられてきました。いずれも原料となる糖分を細胞内に取り込み，酵母細胞内の酵素の働きによってアルコールが生成します。これがアルコール発酵です。

日本酒：米のデンプンを**麹菌**（*Aspergillus oryzae*）でブドウ糖に分解します。
　その糖が酵母に取り込まれアルコールに変化します。

ワイン：ブドウに含まれるブドウ糖が原料となります。元々ブドウについて
　いる天然酵母を使う場合もあれば，培養した酵母を使うこともあります。

ビール：麦芽を粉砕してお湯に入れ麦汁を作ります。麦芽に含まれるアミ
　ラーゼの作用で麦芽糖が生成し，そこに酵母を加え発酵させます。

(2) 発酵食品

前項で紹介した納豆やシュールストレミング以外に，鰹節，醤油，味噌など
があります。

鰹節：発酵を行わない荒節と，荒節の表面を削りとった節に鰹節カビ
　（*Aspergillus glaucus*）をつけて発酵させた枯節があります。

醤油：大豆，小麦を加熱変性させて麹菌（*Aspergillus oryzae, Aspergillus sojae*）を
　生育させた麹と，これに食塩を混ぜて半年間ほど発酵させ，さらに醤油酵母
　や醤油乳酸菌で発酵させることで，醤油の味，色，香りが生成します（図7.7）。

味噌：加熱変性させた米または麦に麹菌を生育させた「麹」と，大豆と食塩
　を混合し，発酵させます。酵母と乳酸菌を用いて，半年間ほど発酵させま
　す。

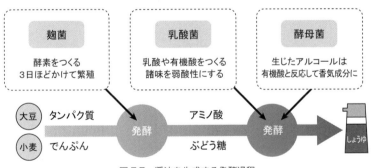

図7.7　醤油を生成する発酵過程

(3) 医薬品

有機合成技術が進歩し，化学合成で作られる医薬品は増えていますが，依然
として多くの生物由来の物質が，医薬品として用いられています。歴史的には

フレミングによって発見された青かび（*Penicillium notatum*）が作り出すペニシリンが最初で，細菌感染症の治療薬である抗生物質として用いられました。これも発酵によって作り出された医薬品の代表例の一つです。現代では，発酵法で作られる医薬品の例としては，臓器移植や免疫疾患の治療に用いられるタクロリムス（FK506）などがあり，これは放線菌（*Streptomyces tsukubaensis*）を用いて生産されます。

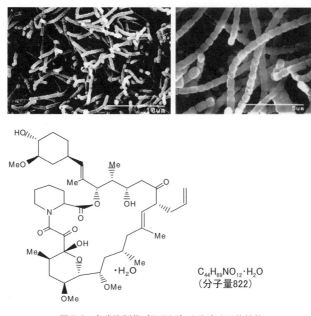

$C_{44}H_{69}NO_{12} \cdot H_2O$
（分子量822）

図 7.8　免疫抑制薬（FK506）を生産する放線菌
（アステラス製薬株式会社　提供）

7.4　バイオ燃料

　持続可能な社会の構築には，従来の化石燃料（石油，石炭，天然ガスなど）に代わる，環境への負荷が少ないエネルギー源が求められています。生物由来の原料をもとに，微生物による発酵によってできた生成物は，**バイオ燃料**として利用価値のあるものがあり，環境に優しいエネルギー源として期待されています。輸送分野ではガソリンの代替となるバイオエタノール，軽油の代替となるバイオディーゼル，ジェット燃料の代替となるバイオジェット燃料があります。また，発電分野では微生物が生成したメタンガスの利用が始まっています。

（1）バイオエタノール

　工業用のエタノールは通常，石油を精製して得られるエチレンを元に製造されます。一方，**バイオエタノール**については，サトウキビやとうもろこしに含まれるでんぷん質を，発酵可能なグルコースにまで分解（糖化）し，酵母によるエタノール発酵により製造します。原料となる植物は光合成により大気中の CO_2 からでんぷん質を合成しているので，それから得られるエタノールを燃焼させても大気中の CO_2 は実質的に増加しないというのが**カーボンニュートラル**という考え方です。通常のガソリン車の場合は3%，対応車の場合は10%までガソリンに加えることができます。しかし，でんぷん質は食料供給と競合するので，古紙や木質バイオマスなど，食料とならないセルロース系の原料の利用なども進められています。

　　工業的な手法　　　：石油　→　エチレン　→　エタノール
　　バイオエタノール：植物　→　糖　→　エタノール（燃やしても大気中の CO_2
　　　　　　　　　　　　　　　　　　　　　　　　　　　　は増加しない）

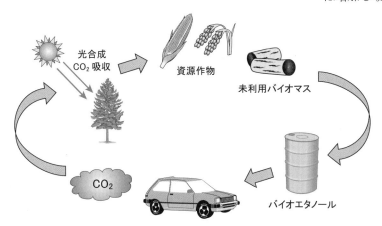

図7.9　カーボンニュートラルを目指すバイオエタノール

（2）バイオディーゼル

　バイオディーゼルとは，植物由来の食用油や使用済み食用油を化学反応によって，ディーゼルエンジンの燃料として使用できるようになったものです。バイオエタノールと同様，カーボンニュートラルな技術で，さらに有害排気ガス（SOx など）の低減も期待されています。

図7.10　バイオディーゼルの製造

（3）バイオジェット

　バイオジェットとは，ジェット燃料の代替となる燃料で，糖類や植物油，古紙などバイオマス資源を原料にして得られ，再生可能航空燃料（SAF；Sustainable Aviation Fuel）ともよばれます。日本でも2021年からは，微細藻類のユーグレナ（ミドリムシ）由来の油脂と廃食用油を用いて製造されたバイオジェット燃料を，既存の石油由来のジェット燃料に混合した運航が始まっています。

（4）バイオガス

　生ごみや家畜の糞尿は堆肥としての利用のほかに，メタン生成菌を作用させることで，メタンガスを生産することができます。嫌気条件で発酵させるとメタンガスが生じ，これを用いて発電することができます。

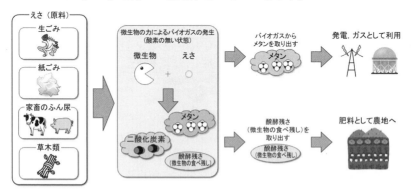

図7.11　メタン生成菌によるバイオガスの生成と利用
（出典：環境省ホームページ　廃棄物・リサイクル対策）

7.5　微生物と病気

　私たちヒトは長い歴史の中で，微生物が引き起こす感染症と戦ってきました。現在でもさまざまなタイプの感染症が私たちの健康を脅かしています。例えば，古くはツタンカーメンのミイラからは**マラリア**で亡くなったことを示す痕跡が発見されています。マラリアは蚊が媒介するマラリア原虫が引き起こす感染症ですが，現代でも結核，エイズとならび3大感染症の一つで，熱帯・亜熱帯地域では多くの方が亡くなっています。また，2019年末から世界中で流行した新型コロナウイルス感染症（COVID-19）には多くの人が罹り，犠牲者も多く出ました。ここでは感染症の種類と予防について解説します。

（1）ウイルス感染症

　ほとんどの風邪は**ウイルス**（virus）によって引き起こされます。一般的な風邪薬と呼ばれるものには，熱，咳，鼻水などの症状を改善する成分が含まれていますが，風邪そのものを治療する薬はありません。抗菌薬（抗生物質）は細菌感染症に対するものなので，ウイルス感染症には効きません。風邪を引き起こすウイルスにはコロナウイルス，アデノウイルス，ライノウイルスなどをはじめ200種類以上が知られています。

　コロナウイルスには風邪コロナウイルスとして4種，ならびに動物から感染した重症肺炎ウイルスが2種類あります。また，COVID-19を引き起こす**新型コロナウイルス**（SARS-Cov-2）もあります。いずれも咳，飛沫，接触によって感染します。COVID-19では発熱，呼吸器症状，全身倦怠感などの風邪症状が1週間ほど続き，多くは軽症ですが，一部は肺炎に進行し，高齢者や基礎疾患（肺疾患，腎疾患，糖尿病，高血圧，肥満など）がある人は重症化に注意が必要となります。

　一方，インフルエンザは北半球で大体1〜2月に流行のピークとなる気道感染症で，**インフルエンザウイルス**が原因です。流行のピークはその年によって異なることがあります。感染から1〜3日後に38度以上の発熱が見られ，頭痛，全身倦怠感，関節痛なども現れ，咳，鼻水がこれらに続き，1週間程度で回復します。ノイラミニダーゼ阻害薬であるオセルタミビル（タミフル）などが治療薬として用いられ，発病後2日以内に服用すれば症状を軽くし，病気の期間

を短くすることができます。細胞の中で複製されたインフルエンザウイルスが遊離するときに，ウイルス自身のノイラミニダーゼという酵素を利用しますが，この働きをタミフルが阻害し，ウイルスの増殖を防いでくれます。

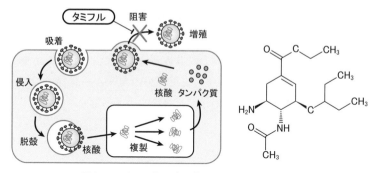

図 7.12　オセルタミビル（タミフル）の構造と作用

　また，ウイルスが引き起こす感染症のうち，3 大感染症の一つであるエイズ（AIDS）は HIV（**ヒト免疫不全ウイルス**）の感染によって起こります。感染経路は性行為による感染，血液を介した感染，母子感染です。感染後は図 7.13 のような経過をたどります。感染直後の急性期ではウイルスが増え，風邪やインフルエンザに似た症状が現れますが，数週間で消滅します。この時，白血球の1 つである CD4 陽性リンパ球が破壊されていきます。何の症状も出ない無症候性キャリア期は数年から約 10 年続きます。そして，治療を受けないで経過した場合には免疫の低下による日和見感染症，悪性腫瘍，神経障害などの病気にかかるエイズ期を迎えることとなります。

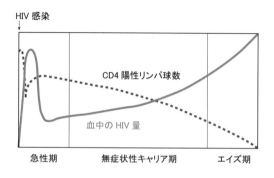

図 7.13　HIV 感染の経過

(2) 細菌感染症

　ウイルスが細胞の中に侵入してから増殖するのに対し，細菌は栄養分を取り込んで，分裂により増えることができます。栄養分と温度条件がそろうと，細菌の増殖が進みます。

　また，細菌がついた状態で食品を室温で放置しておくと，目に見えなくても**食中毒**を引き起こすのに十分な菌数に達していることがあります。腸炎ビブリオ，サルモネラ菌，黄色ブドウ球菌，カンピロバクターなどによる食中毒の発生頻度が高いとされています。食中毒は細菌によって起こるものが多いのですが，細菌が作り出す**毒素**（toxin）が原因となるものもあり，菌が増えていなくても発症することがあります。例えば，**黄色ブドウ球菌**（*Staphylococcus*）によるエンテロトキシンが含まれる食品を食べると，3時間後に激しい嘔吐，下痢などの胃腸炎症状を発します。

　感染症を引き起こす細菌は数多くあります。細菌感染症も他の微生物由来の感染症と同様，公衆衛生上の重要性をもとに一類から五類まで分類されています。例えば一類にはペスト，二類には結核，ジフテリア，三類にはコレラ，細菌性赤痢，腸管出血性大腸菌感染症，腸チフスが含まれます。

　コレラは**コレラ菌**（*Vibrio cholerae*）に汚染された水や食品を摂取することで感染する腸管感染症です。治療には経口補水液を投与します。細菌性赤痢は**赤痢菌**（*Shigella*）を含む糞便や嘔吐物と接触，汚染された水や食物の摂取により感染し，血便，下痢などが見られます。抗生物質により体内の赤痢菌を減らすことができますが，抗生物質に抵抗性を有する耐性株の出現が問題となっています。腸管出血性大腸菌感染症では，**大腸菌 O-157** が産生するベロ毒素が真

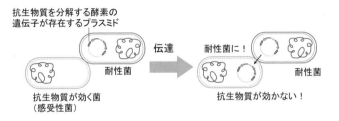

図7.14　プラスミド DNA の受け入れによる抗生物質耐性獲得メカニズム
耐菌性のプラスミドを受容することで，感受性菌は抗生物質を分解できるようになる。

核生物のリボソームに作用し，タンパク質の合成を阻害して細胞死（アポトーシス）を招くため，ヒトの腸管からの出血を引き起こします。

（3）真菌症

　真菌は一般に「カビ」として知られている微生物です。細菌が原核生物であるのに対し，真菌は真核生物であるという点で異なっています。真菌は植物の一部と考えられていた時期もありますが，分子生物学の進歩により，植物細胞でも動物細胞でもない独自のグループを形成する微生物群として扱われています。

　糸状菌の皮膚感染として，足白癬（みずむし），爪白癬があります。さらに，免疫機能の低下により，皮膚常在真菌である**カンジダ**（*Candida*）が異常増殖して発症するカンジタ症があります。これらの真菌感染症には抗真菌薬（ケトコナゾールなど）が治療に用いられます。

（4）予　防

　イギリスの医師ジェンナーが，牛痘にかかった採取した膿をヒトに摂取すると**天然痘**を予防できることを証明しました。世界初の**ワクチン**（vaccine）が（）牛に由来することから，ラテン語で牛を意味する vacca にちなんで，vaccine という名称が用いられるようになりました。病原体に対する抵抗性（免疫力）を高める性質を免疫原性といい，さまざまなタイプのワクチンが開発されています。

　生きている病原体の毒性や病原性を弱めた生ワクチン，毒性や感染力を失わせた不活化ワクチン，毒性をなくして免疫原性を残した病原体の毒素タンパク質であるトキソイド，病原体のタンパク質を別の生物の細胞で生産した組換えタンパク質ワクチン，遺伝情報を病原性のないウイルス粒子に組み込んだウイルスベクターワクチン，ウイルスのタンパク質情報の一部を用いた mRNA ワクチンなどがあります。そして多くのワクチンでは，免疫原性を高める効果があるアジュバント（adjuvant）とよばれる物質を，一緒に接種することがあります。

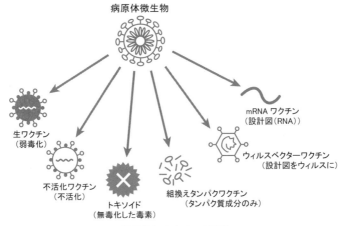

図 7.15　ワクチンの種類

病原体微生物

生ワクチン
（弱毒化）

不活化ワクチン
（不活化）

トキソイド
（無毒化した毒素）

組換えタンパクワクチン
（タンパク質成分のみ）

mRNA ワクチン
（設計図（RNA））

ウィルスベクターワクチン
（設計図をウィルスに）

◆ま と め◆

＊発酵，腐敗はいずれも微生物による化学変化である。

＊微生物は，発酵食品，医薬品，バイオ燃料の製造などに用いられる。

＊感染症はウイルス，細菌，真菌など異なる微生物によって引き起こされ，
　対処方法もそれぞれで異なる。

◆章末問題◆

文章中の空欄に入る適切な語句を答えよ。

(1) 細菌，真菌，ウイルスのうち自己増殖できないものは（　　）である。

(2) 細菌は（　　）微生物であり，染色体は細胞質に存在する。

(3) 環状プラスミド DNA は抗生物質などの薬剤に（　　）を与える。

(4) 細菌は形状により棒状の（　A　），球菌，（　B　）菌などに分類できる。

(5) 日本酒の醸造では 2 つの微生物，でんぷんを糖化する（　A　）と，アルコール
発酵を行う（　B　）を用いる必要がある。

(6) 病原性大腸菌 O-157 が生産する（　　）は腸管からの出血を招く。

(7) バイオ燃料は（　　）という二酸化炭素を増加させない性質がある。

(8) バイオガスであるメタンは（　　）に用いられる。

(9) 抗生物質は（　A　）感染症には効果があるが（　B　）感染症には効果がない。

(10) ワクチンと一緒に投与し，効果を高める物質を（　　）という。

8 薬と毒

　私たちの体は，呼吸により酸素を取り入れ，食事の際に水分や栄養分を取り込みます。また，病気や怪我の際には薬を塗ったり飲んだりして，健康な状態への回復を助けます。一方，取り込むことによって健康を害する毒の存在にも注意を払う必要があります。薬も毒も健康な状態では生活の中心になることはありませんが，正しい知識を持って接し，毒となるものは極力遠ざけたいものです。この章では，薬や毒の基本的な性質や種類について解説します。

◆この章で学ぶこと
1　化学物質が薬として作用するか，毒として作用するかの条件
2　化学物質の解毒メカニズムについて
3　医薬品の分類について
4　天然毒と人工毒について

8.1　毒と薬の関係

　ことわざに，「薬も過ぎれば毒となる」とあるように，私たちの体にとって良い働きをするものでも，取り過ぎは良くないということです。また，医師で化学者でもあったパラケルススは，「全ての物質は毒にも薬にもなる」と指摘しています。物質の"量"というのが非常に重要であることを指摘した名言です。しかし，全ての毒は少量であれば薬として使えるかというと，そうでもありません。実際のところ，薬効のある物質のうち，毒性がなるべく少ないものを薬として活用しているのです。

　毒性の評価には，半数致死量 LD_{50}（50% Lethal Dose）という指標が用いられます。LD_{50} は，動物 1 kg への投与により 50% の個体が死亡する化学物質の量です。一方，薬としての効果の評価には，半数効果用量 ED_{50}（50% Effective

Dose）が用いられ，これは50%の個体を治療できる化学物質の量を示します。

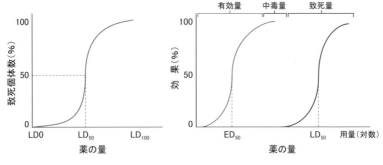

図8.1　毒の作用と薬の効果

8.2　薬の動き

　薬の体内での動きである**薬物動態**は，吸収（Absorption），分布（Distribution），代謝（Metabolism），排泄（Excretion）の4つのステージに分けて考えます。

　薬が効果を現すためには，目的の場所に到達させ必要があります。まず，薬を血液に吸収させる必要があります。多く用いられる経口服用では，薬は小腸から吸収されることが多く，門脈を経由して肝臓に入って，血流中を循環して分布し，作用部位に到達します。血液中では**アルブミン**などのタンパク質に結合しますが，薬は結合型ではなく遊離型が効き目を現します。このタンパク質との結合の強弱が，薬の効果を左右します。さらに，体内のさまざまな細胞で代謝されますが，主として肝臓で代謝されることになります。肝細胞の中ではP450とよばれる酵素群によって分解されていきます。そして，最終的にグルクロン酸やグリシンとの結合による無毒化（抱合）され，腎臓から排泄されることになります。

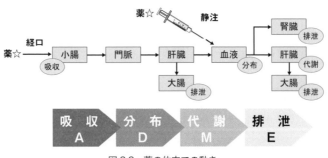

図8.2　薬の体内での動き

8.3　医薬品の分類

　医薬品は医師の処方箋が必要な**医療用医薬品**と，処方箋なしで薬局で直接購入できる **OTC 医薬品**に分類できます。

（1）医療用医薬品の例

　現在，医療機関等で保険診療に用いられる医療用医薬品として，官報に告示されている（薬価基準に収載されている）品目は約 1 万 5 千程度あります。これらのリストには，まず，内用薬（口から飲み込む薬），注射薬，外用薬（軟膏，坐薬，吸入薬，うがい薬など），歯科用薬剤の別が区分されます。

（2）OTC

　OTC はカウンター越し（over the counter）に販売されるのでこのような名称で呼ばれ，要指導医薬品と一般医薬品があります。要指導医薬品は，購入の際には，薬剤師が購入者の情報を聞き，書面による説明を行うことが原則となっています。表 8.1 の一般用医薬品は，第 1 類は薬剤師からのみ購入でき，それ以外は薬剤師だけでなく登録販売者からも購入できます。

表8.1　一般用医薬品の種類

	第 1 類医薬品	第 2 類医薬品	第 3 類医薬品	医薬部外品
特徴	特にリスク高。薬剤師のみから購入。＊ネット販売不可	リスクが比較的高＊ネット販売不可	リスクが比較的低＊ネット販売可	＊ネット販売可
概要	一般用医薬品としての使用経験が少ない等安全性上特に注意を要する成分を含む	まれに入院相当以上の健康被害が生じる可能性がある成分を含む	日常生活に支障をきたす程度ではないが，身体の変調，不調が起こる恐れがある成分を含む	人体に対する作用が緩和で，安全性上特に問題がない
例	H2 ブロッカー含有薬，一部の毛髪薬等	主な風邪薬，解熱鎮痛薬，胃腸鎮痛，鎮けい薬など	ビタミン B・C 含有保健薬，主な整腸薬，消化薬など	制汗剤，殺虫剤，ドリンク剤など

厚生労働省ホームページ（https://www.mhlw.go.jp/file/05-Shingikai-11121000-Iyakushokuhinkyoku-Soumuka/0000050568.pdf）を改変

8.4　ジェネリックとは

　あるメーカーが開発，販売をしている医薬品の特許が切れた場合，別のメーカーが同一の有効成分を含む医薬品を販売できます。初めに販売されていた先発医薬品に対し，後発の医薬品は**ジェネリック医薬品**（Generic drug）とよばれています。一般に，一つの医薬品の研究開発には100億円以上が必要となり，10年以上かかることも珍しくありません。しかし，ジェネリック医薬品の場合，開発にかける費用を抑えることができるので，先発医薬品より安価に提供できます。

　医師が処方箋に商品名ではなく一般名（general name）を記載した場合，先発薬かジェネリック医薬品 のいずれかを選択することになります。"Generic"という言葉は一般名に由来します。例えば，胃潰瘍の薬である「ガスター」は商品名であり，一般名は「ファモチジン」といいます。解熱消炎鎮痛剤としてよく知られている「ロキソニン」も商品名で，一般名は「ロキソプロフェン（Loxoprofen）」といいます。先発医薬品のロキソニンもジェネリック医薬品であるロキソプロフェンも有効成分に違いはありませんが，全く同一の医薬品とは限りません。ジェネリック医薬品では，先発薬と成分や量が異なる添加剤を使用していることがあり，先発医薬品と同等であることが審査されます。

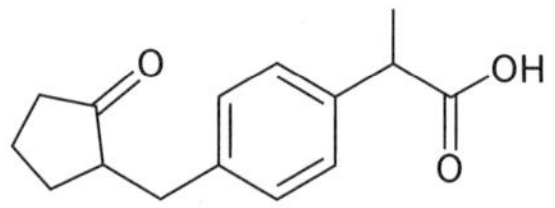

図8.3　ロキソプロフェン（ロキソニン）の構造

8.5　お酒は毒か薬か

　古来より，「酒は百薬の長」と言われてきました。もちろん，現代では医薬品ではなく食品として位置付けられ，適量を守りながらの飲酒が強調されています。しかし今でも「風邪をひいたら卵酒」「喉の風邪を酒で消毒」など民間療法的な話を聞いたことがあるかもしれません。根拠不明な話はともかく，お酒のポジティブな効果，例えばストレス発散，HDLコレステロール（善玉コレステロール）を増やすなどに焦点を当て，お酒を推進するような健康情報も

多々見受けられます。しかし，お酒を飲み過ぎると百薬の長どころか，後述のように飲酒の量に応じてガンなどの病気のリスクが上がることがわかっています。

　アルコール飲料に含まれる**エタノール**は，アルコール脱水素酵素（ADH）の作用で**アセトアルデヒド**に変化したのち，アルデヒド脱水素酵素（ALDH）が作用して**酢酸**になります。さらに薬を代謝する酵素 P450 もエタノール分解に働くことになります。飲酒を続けていると P450 の働きが強くなり，飲酒をしない人に比べて薬が分解されやすくなり，薬の効き目が弱まることがあります。

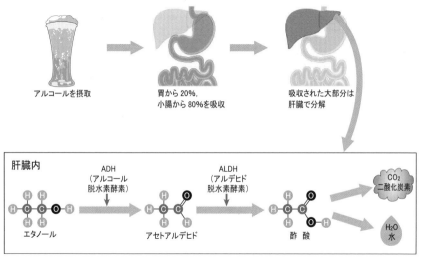

図8.4　体内でのアルコール分解のしくみ

　図 8.4 の酵素の働き（活性）は，遺伝により強弱が決定されます。ADH の働きが特に弱い人は日本人の 5 ～ 7％程度にみられ，アルコールが長時間残るためアルコール依存症になりやすく，依存症では 30％前後がこの体質です。また，ALDH の働きが弱い人は日本人の 40％程度にみられ，アセトアルデヒドの分解が進みにくく，飲酒で赤くなりったり二日酔いを起こしやすいという性質があります。エタノールとアセトアルデヒドには発がん性があり，この二つの酵素の働きが弱い人が飲酒を続けると，頭頸部・食道の発がんリスクが特に高くなります。

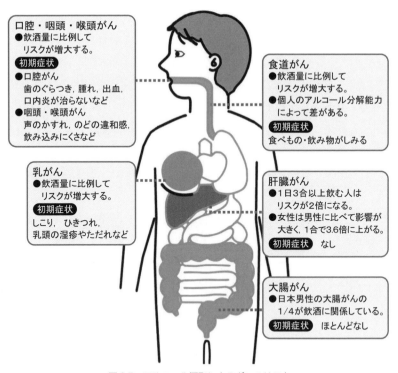

図8.5　アルコール摂取によるガンのリスク

　近年の研究では，時々飲酒（週1回未満）している人に比べ，1日当たり日本酒換算で2合あるいは3合以上飲む人のがんの発症リスクは，それぞれ1.4倍，1.6倍になるともいわれます。ビールに換算すると大瓶1本（約600 mL）が日本酒1合（180 mL）のエタノール量に相当します。また，飲酒量が4割減ったことで，寿命が10歳以上延びた国のもあり，飲酒量は少ない方が健康に良いと言えます。

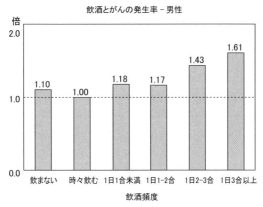

図 8.6 飲酒とがん発生リスク
（時々飲むを 1 としたときのハザード比）

8.6 天然ならびに人工の毒物

　自然界には生物由来の毒となる化学物質が数多く知られています。天然の毒がマイルドで，人工の毒が猛毒というわけではありません。同じ量で比較すると，天然の毒には強烈なものがたくさんあります。表 8.2 には有毒物質として

表 8.2 毒となる化学物質の強さ

名　称	LD$_{50}$ (mg/kg)	由　来
ボツリヌストキシン A	0.0000011	ボツリヌス菌
テタノスバスミン	0.000002	破傷風菌
マイトトキシン	0.00017	藻　類
ベロ毒素（VT1）	0.001	志賀赤痢菌，大腸菌 O-157 など
バトラコトキシン	0.002	ヤドクガエル
テトロドトキシン	0.01	フグ・ヒョウモンダコなど
VX	0.015	化学兵器
コレラ毒素	0.026	コレラ菌
ジフテリア毒素	0.1 〜 0.3	ジフテリア菌
アコニチン	0.3	トリカブト
サリン	0.5	化学兵器
ヒ素（亜ヒ酸）	2	鉱　物
青酸カリ	5 〜 10	無機物

LD$_{50}$：半数致死量
　　：生物由来

有名なものを，LD$_{50}$により，毒性が強い順に並べてあります。一番毒性が強い**ボツリヌストキシン**は，猛毒な一方，美容外科でシワ消しの「ボトックス注射」の原料として活用されています。

　普通の生活で，表のような毒物に遭遇する機会は多くないかもしれませんが，毒物を生産する食品を口にしたり，微生物に感染する可能性はあるので油断は禁物です。以下，食品に含まれている物質で，有毒性が知られているものについて紹介します。

(1) フグ毒

　ふぐ料理といえば，ふぐ鍋（てっちり）やふぐ刺し（てっさ）がよく知られています。フグのおいしさは，旨味成分であるイノシン酸やグルタミン酸（5章参照）が多く含まれるためだと言われています。また，他の魚より豊富なコラーゲンは，透けて見えるぐらい薄いてっさでもコリコリした食感をもたらします。このような独特のおいしさのため，昔から人は死ぬかもしれないと分かっていても，フグを食べるのをやめませんでした。

　のちに，田原良純博士により，フグ毒は**テトロドトキシン**という物質であることが突き止められました。テトロドトキシンの毒性は青酸カリウム（KCN）の1000倍と言われ，人が摂取した場合，呼吸困難となります。致死量は1〜2 mgです。フグの肝臓や卵巣などの内臓だけでなく，フグの種類によっては皮や筋肉にも含まれます。テトロドトキシンはもともとフグ自身が体内で作り出したものではなく，毒を持つ貝やヒトデを食べた結果，体内に蓄積しているのです。しかし，フグの細胞の表面構造がヒトと異なるため，フグ自身はテトロドトキシンで死ぬことはありません。

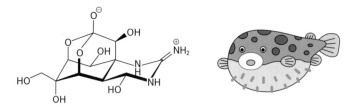

図8.7　テトロドトキシンの化学構造

　フグ食中毒による死亡事故の多くは素人料理が原因と言われています。調理には資格が必要ですので，素人は釣り上げたとしても，絶対に調理して食べてはいけません。

（2）じゃがいも毒—ソラニン

　じゃがいもの芽や緑色をした部分には**ソラニン**という化合物が含まれています。ソラニンを食べると，悪心，嘔吐，腹痛，下痢などの症状が現れます。このような中毒症状を避けるには，以下のポイントに気をつける必要があります。

　1）光に当てない（紫外線に当たるとソラニンの量が増える）

　2）保存時に傷をつけない（傷によりソラニンの量が増える）

　3）芽とその周辺や緑色の部分は除く，しっかり皮をむく

また，ジャガイモを揚げたり炒めた場合に，**アクリルアミド**という有毒物質（神経毒）の生成量が増える可能性があり，注意が必要です。

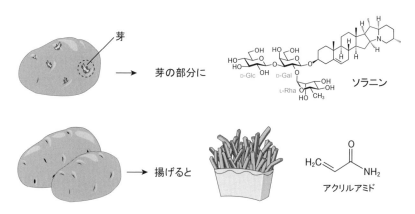

図8.8　芽に含まれるソラニンやアクリルアミドにご注意

（3）青　梅

　梅の実は梅干し，梅酒などの食品として親しまれています。一方，未熟な梅の実にはシアン化水素（HCN）が含まれています。梅のシアン含有量は，果肉より種子に多いので，種を噛み砕いて食べなければ中毒の心配はありません。シアン化水素は梅干しや梅酒などへ加工する過程で分解されますが，生のまま

食べてはいけません。

◆まとめ◆

＊ LD_{50} や ED_{50} は化学物質の毒性や薬の効果を示す指標である。

＊薬や毒などの化学物質は肝臓の酵素で分解され，抱合により解毒される。

＊エタノールから生成するアセトアルデヒドは毒性が高い。

＊身の回りの食品や微生物が，毒性の高い物質を生産していることがある。

◆章末問題◆

文章中の空欄に入る適切な語句を答えよ。

(1) （　　　）は半数致死量を意味し，動物 1kg あたりの薬物投与量で表される。

(2) 一般用薬品は第 1 類から第（　A　）類医薬品と（　B　）を含む。

(3) ジェネリック医薬品は商品名でなく（　A　）で表記され，たとえばロキソニン
　　のジェネリックは（　B　）となる。

(4) アルコール飲料のエタノールは酵素により（　A　）となり，その後，別の酵素
　　で（　B　）となる。

(5) フグ毒の成分は（　　　）である。

(6) じゃがいもを紫外線に当てたり，傷をつけると（　　　）の量が増え，食中毒の
　　リスクが高まる。

(7) 未熟な梅の実には毒性のある（　　　）が含まれる。

(8) アルコールの摂取量が増えると（　　　）のリスクが上昇する。

9 代謝とホメオスタシス

　8章までで，私たちの暮らしや健康に関係がある化学物質や化学反応について学びました。9章からは，体の中や細胞の中で起きている化学反応，すなわち代謝について学びます。どのような物質を栄養素として取り入れ，生命が維持されコントロールされているのかを学びます。本章では代謝の基礎となるエネルギー物質の生成や，物質の細胞への出入り，そしてホメオスタシスについて学びます。

◆この章で学ぶこと
1　原子が組み合わさってできた体の「階層性」
2　体の成分と5大栄養素
3　代謝の概要とATPの役割
4　体調が維持されるしくみ「ホメオスタシス」について

9.1　からだの化学

(1) 階層性

　第1章の図1.7ではヒトの大きさと体を構成している原子のサイズを比較しました。さらに，体を構成している細胞を「物質」に分けてみていくと，原子が一番小さな単位ということができます（図9.1）。そして，構成単位を次第に

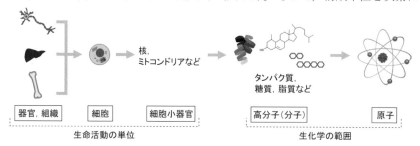

図9.1　原子から生命に至る「階層性」と生化学の範囲

大きくしていくと組織，器官，そして個体に至り，この序列を階層性といいます。

　原子[*1]の種類は，周期表にあるように 100 種類以上が知られています（図9.2）。そのうち，ヒトの体には 30 種類[*2]近くが含まれていますが，原子レベルでは生理現象を説明するのには細かすぎます。そこで**生化学**（Biochemistry）では，生命の最小単位である「**細胞（cell）**」のはたらきと，栄養素[*3]として働く原子や分子の化学変化と，その生命現象のつながりについて考えます。

1 H																	2 He
3 Li	4 Be											5 B	6 C	7 N	8 O	9 F	10 Ne
11 Na	12 Mg											13 Al	14 Si	15 P	16 S	17 Cl	18 Ar
19 K	20 Ca	21 Sc	22 Ti	23 V	24 Cr	25 Mn	26 Fe	27 Co	28 Ni	29 Cu	30 Zn	31 Ga	32 Ge	33 As	34 Se	35 Br	36 Kr
37 Rb	38 Sr	39 Y	40 Zr	41 Nb	42 Mo	43 Tc	44 Ru	45 Th	46 Pd	47 Ag	48 Cd	49 In	50 Sn	51 Sb	52 Te	53 I	54 Xe
55 Cs	56 Ba	57〜71	72 Hf	73 Ta	74 W	75 Re	76 Os	77 Ir	78 Pt	79 Au	80 Hg	81 Tl	82 Pb	83 Bi	84 Po	85 At	86 Rn
87 Fr	88 Ra	89〜103	104 Rf	105 Db	106 Sg	107 Bh	108 Hs	109 Mt	110 Ds	111 Rg	112 Cn	113 Nh	114 Fl	115 Mc	116 Lv	117 Ts	118 Og

■ …… ヒトに含まれる主な元素
□ …… ヒトに含まれる微量の元素

図 9.2　周期表

　ヒトを構成する 37 兆の細胞 1 つ 1 つには，アミノ酸，脂質，糖質という成分が含まれています。これらは原子を組み合わせた分子とよばれます。さらに分子を組み立てたものが**高分子**とよばれるもので，食品から摂取する場合などは**三大栄養素**として，タンパク質，脂質，糖質（炭水化物）も注目されます。栄養成分の表示に含まれているので，頻繁に目にする機会があります（図 9.3）。

　本章以降で扱う生化学では，これらの栄養素がどのように体に取り入れられ，体内でどのようなはたらきをするのかを理解します。私たちの体の成り立ちを知る上で，とても重要な成分ですので，これからの各章で説明する前に，ここでそれぞれ栄養素とかかわりのある分子のはたらきを少しだけ紹介します。

＊1　正確には元素ですが，ここでは原子とします。

＊2　H（水素），O（酸素），C（炭素），N（窒素）で 99.5％を占めます。

＊3　栄養素の定義：①エネルギーを供給するもの，②成長，発達，生命の維持に必要なもの，③不足すると特有の生化学または生理学上の変化が起こる原因となるもの（農林水産省のサイト　http://www.maff.go.jp/j/fs/diet/nutrition/　より）

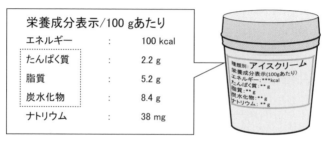

図9.3 三大栄養素

（2）水

　水は体の中で最も基本的な物質です。体の水分は，細胞内に含まれる細胞内液と，血漿，リンパ液，組織液，消化液などの細胞外液として存在しています。成人の体重の約60％が水分であり，残りの40％ほどは，タンパク質，脂質，ミネラル，糖質が占めています[*1]。女性では男性よりも水分含量が低く，脂肪が多くなっています（図9.4）

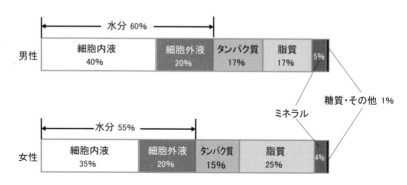

図9.4　ヒト成人に含まれる水分

　細胞内液と細胞外液は相互に移動し，組織液と脈管内液でも同様に移動がみられます。この水分の移動は**浸透圧**[*2]によるものです。さらに水は，栄養物や代謝物の運搬，pH調節，体温調節などの生理機能にも関与しています。

---

*1　新生児には80％近くの水分が含まれますが，年齢とともに減少することが知られています。

*2　浸透圧：特に，血漿中のタンパク質であるアルブミンが関わる浸透圧は血漿コロイド浸透圧とよばれ，組織から毛細血管への水や無機イオンを移動させる力として重要です。アルブミンが不足すると，水分が組織液の方に多くなり浮腫となります。

（3）糖　質

　糖質は主として炭素，水素，酸素原子から構成されており，炭水化物ということもあります。血糖として利用されるグルコースはエネルギー源として重要です。また，細胞の構成成分のほか，遺伝物質として利用される核酸には，リボースという糖類が含まれます（図 9.5）。

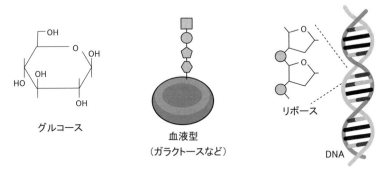

図 9.5　グルコース，細胞膜成分，リボース

（4）脂　質

　脂質は細胞膜の成分として重要な役割を果たしています（図 9.6）。また，脂質の構成成分である脂肪酸はエネルギー源としても重要な分子です（13 章）。

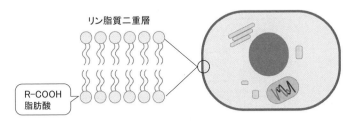

図 9.6　細胞膜の断面図と脂質，脂肪酸の構造

（5）タンパク質

　タンパク質は私たちの体の構成成分であるとともに，様々な生理機能にとって重要です（図 9.7）。タンパク質を構成しているアミノ酸は 20 種類あり，これらが様々な順序でつながることで，性質の異なる多様なタンパク質が生み出されます。

酵素　　　　　　　輸送タンパク質　　　　構造タンパク質　　　　貯蔵タンパク質

モータータンパク質　　調節タンパク質　　　　防御タンパク質　　　　受容体タンパク質

図9.7　タンパク質の種類（はたらきによる分類）

（6）ミネラル・ビタミン

　三大栄養素の糖質，脂質，タンパク質は有機化合物とよばれます。これにミネラル，ビタミンを加えると**五大栄養素**となります（図9.8）。三大栄養素は，水素，炭素，酸素，窒素を含む有機化合物ですが，これら以外の元素で構成される物質がミネラル（無機質）として知られています。ミネラルにはカルシウムのように多量に存在するものもあれば，微量でも生理機能を有する銅，ニッケルなどの金属元素もあります（3章参照）。ビタミンも微量で生理機能を有する物質ですが，構造は有機化合物に分類されます（4章参照）。

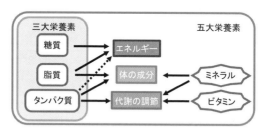

図9.8　五大栄養素と三大栄養素のはたらき

9.2　代　謝

（1）代謝と細胞のつくり

　生命の最小単位の細胞や，それらが集まった組織の中では様々な化学反応が起こっています。体の中で起こる化学反応は**代謝**（Metabolism）とよばれます。

代謝には酵素というタンパク質が関わります。私たちヒトを含めた真核細胞(図9.9)において，酵素はそれぞれ特定の袋に詰め込まれています。それぞれの袋は**オルガネラ**（細胞小器官）とよばれ，細胞内において特定のはたらきをする区画になっています。（表9.1）

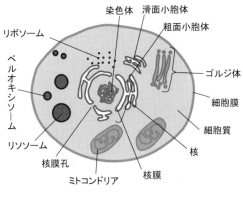

図 9.9　真核細胞

表 9.1　オルガネラ（細胞小器官）のはたらき

細胞小器官	はたらき
ミトコンドリア	内膜はクリステ（ひだ）を作る。内膜に囲まれた部分をマトリックスという。エネルギー産生に関わるクエン酸回路，電子伝達反応，脂肪酸の酸化が行われる。
小胞体	タンパク質合成や脂質代謝が行われる。
ゴルジ体	細胞内輸送の中間地点。小胞体から送られてきたタンパク質に糖を付加し，分泌顆粒を作る。
リソソーム	消化酵素を含み，不要物質を分解する。
リボソーム	タンパク質を合成する場所。

(2) 異化と同化

　代謝は，分子をより小さな分子に分解する**異化反応**（例1）と，小さい分子からより大きい分子を作り出す**同化反応**（例2）の2つに分類されます[*1]。同化に

---

*1　（例1）アミロース（でんぷん）　→　グルコース　→　$H_2O + CO_2$
　　（例2）グルコース　→　グリコーゲン

必要なエネルギーには，ATP の形で蓄えられたエネルギーが用いられます。私たちの体は，糖質などから効率よくエネルギーを取り出しています（図9.10）。

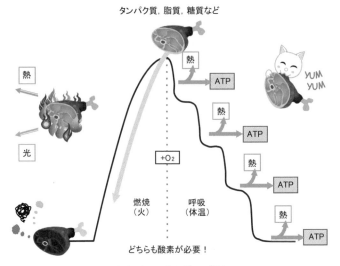

図 9.10　エネルギーの概念

左のルート（燃焼）を通ると，エネルギーはすべて熱と光で失われる。
右のルート（代謝）を通ると，エネルギーは<u>ATP</u>として取り出すことができる。

（3）ATP 〜体のエネルギー源

　携帯電話，スマートフォンを動かす電気エネルギーは，充電により供給されます（図9.11）。電気の供給源は火力，水力，風力など複数の形態があります。私たちの体を動かすエネルギーはどこから来るのでしょうか。

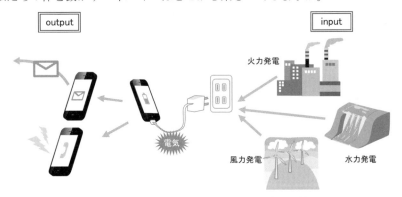

図 9.11　スマートフォンを動かすエネルギーは電気

食物に含まれているエネルギーは一旦，ATP という分子に置き換えられます。そこに含まれるエネルギーを使って筋肉の運動，消化活動，代謝などのエネルギーとして利用されます（図 9.12）。

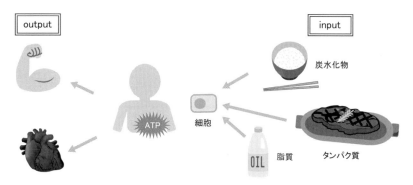

図 9.12　人体を動かすエネルギーは ATP

ATP とは**アデノシン三リン酸**（Adenosine triphosphate）のことで，化学的には 3 つの部分（アデニン，リボース，リン酸（3 つ））から成り立っています（図 9.13）。ATP に含まれるリン酸結合が切断されたときに，エネルギーが発生します。生体内エネルギー分子となる ATP の産生や，様々な物質の代謝の調節には，ホルモンが関わっています。

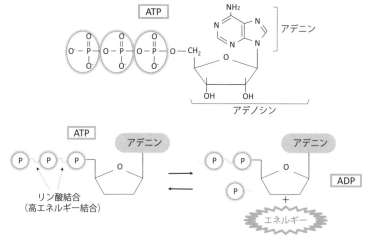

図 9.13　アデノシン三リン酸（ATP）の構造（上）とエネルギーの発生（下）

9.3 物質の出入り

　私たちが食物を体に取り入れる場合，まず，口に運びます。食物の消化が終わると，栄養成分が取り去られた残渣は，排泄物として放出されます。細胞レベルでも同様に，物質が出たり，入ったりしています。細胞に栄養素として利用される糖質，脂質，タンパク質，ミネラル，ビタミンなどの物質は，どのように取り込まれるのでしょうか。また，化学変化を受けた物質はどのように細胞から出ていくのでしょうか。以下，細胞では物質の出入りがどのように行われているのかを整理します。

（1）能動輸送

　細胞膜の内外では，イオン，アミノ酸，糖の濃度差（**濃度勾配**）がみられます。濃度勾配に逆らって物質が移動するためには，エネルギーが必要となります。細胞膜上にあるポンプ役のタンパク質が ATP をエネルギーとして，濃度勾配に逆らった輸送を行うことがあり，これを**能動輸送**といいます（図 9.14）。

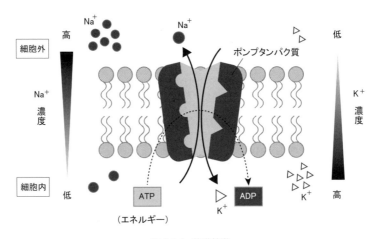

図 9.14　能動輸送

（2）受動輸送

　濃度勾配に従って細胞膜を通過できるものとしては，酸素，二酸化炭素などの小さな分子や脂溶性分子があります。これらはポンプのようなタンパク質を

必要とせず，細胞膜を横切ります。一方，Na^+ イオン[*1]や Ca^{2+} イオンは濃度勾配に従い，**チャネル**というタンパク質により細胞膜を通過することができます（図9.15）。このように濃度勾配に従う物質移動を**受動輸送**といいます。

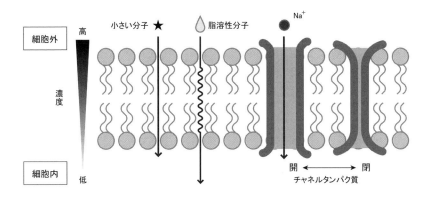

図9.15　受動輸送
膜を直接通過する場合と，イオンチャネルを経由する場合がある。

（3）小胞輸送

　移動する物質が，小胞とよばれる膜でできた袋に入れられ，細胞膜を出入りする場合，これを**小胞輸送**（膜動輸送）といいます。たとえば，膵臓の β 細胞内では，小胞体で合成されたインスリンは小胞によって細胞膜近くまで運ばれ，血糖値が上がると血液中に放出（分泌）されます（次節9.4（1）参照）。

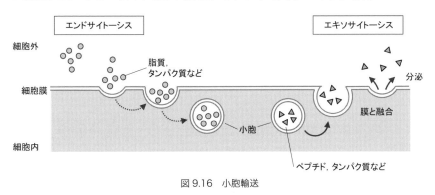

図9.16　小胞輸送

---

*1　イオン（ion）：原子や分子のうち，＋または－の電気を帯びたもの（1章参照）

このように細胞外に向かう小胞輸送を**エキソサイトーシス**[*1]といいます。一方，細胞膜の一部を使って小胞を形成して，細胞外の物質を細胞内に取り込む輸送形式を**エンドサイトーシス**[*2]といいます（図 9.16）。

9.4 体調が一定であることの仕組み

体の体温，血圧など体の状態が一定であることを**ホメオスタシス**（恒常性）といいます。ここでは，ホルモンという体内で合成される物質の働きと，体の半分以上を占める水の酸性・塩基性のバランスの調整がどのように行われるのかを考えます。

（1）ホルモンのはたらき

ホルモンは私たちの生理機能の on/off を制御しています。まず，ホルモン分泌細胞が放出したホルモン分子は，血流に乗ります（図 9.17）。このホルモンを受け取る細胞は標的細胞とよばれ，細胞内では様々な化学変化が引き起こされます。

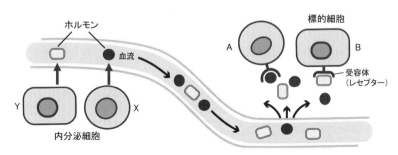

図 9.17 血液中を流れるホルモン

細胞 X または Y から分泌されたホルモンは，細胞 A, B に情報としてキャッチされる。

たとえば，血糖値が増加した場合に分泌されるインスリンというホルモンは，糖分の取り込みという機能のスイッチを on にします。スイッチとして機能するのは，標的細胞膜にある**受容体**（レセプター）です。受容体には 2 つのタイ

---

*1　exocytosis：exo- は " 外側 " を意味する
*2　endocytosis：endo- は " 内側 " を意味する

プがあり，インスリンの受容体のように細胞膜にある細胞膜受容体（図9.18）と，ステロイドホルモンの受容体のように核内にある核内受容体があります（図9.19）。

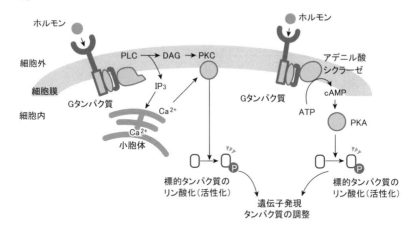

図9.18　細胞膜にあるホルモンの受容体（細胞膜受容体）

　ホルモンの化学的な性質として，ペプチドホルモンとアミンホルモンは水溶性のため，細胞膜を通過できず，細胞膜受容体に結合します。一方，ステロイドホルモンは脂溶性のため，細胞膜を通過して，核内受容体に結合します。

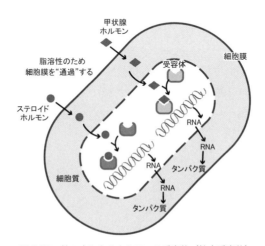

図9.19　核の中にあるホルモンの受容体（核内受容体）

表 9.2　ホルモン機能の例

内分泌器官		ホルモン	疾　患
下 垂 体 前 葉		成長ホルモン	過剰：下垂体性巨人症，先端巨大症 不足：下垂体性低身長症
		副腎皮質刺激ホルモン	過剰：クッシング病
下 垂 体 後 葉		抗利尿ホルモン	過剰：抗利尿ホルモン分泌異常症候群 不足：尿崩症
甲 　 状 　 腺		T3*1, T4*2	過剰：バセドウ病 不足：慢性甲状腺炎（橋本病），クレチン病（乳幼児期）
副 甲 状 腺		副甲状腺ホルモン	過剰：原発性副甲状腺機能亢進症 不足：特発性副甲状腺機能低下症
副 　 　 腎	髄質	アドレナリン，ノルアドレナリン	過剰：高血圧症など
	皮質	副腎皮質ホルモン	過剰：クッシング症候群 不足：アジソン病
		アルドステロン	過剰：原発性アルドステロン症
		アンドロゲン	過剰：副腎性器症候群（女性器の男性化現象）
膵 　 　 臓		インスリン*3	過剰：低血糖症 不足：糖尿病
消 　 化 　 管		ガストリン	過剰：ゾリンジャー・エリソン症候群
卵 　 　 巣		プロゲステロン	不足：ターナー症候群（染色体異常により起こる、原発性の無月経）

　表 9.2 に示すホルモンは，それぞれ内分泌器官から放出されると，標的細胞（器官）に作用します。ホルモンが標的器官において生理作用を示すためには，ホルモン－受容体の反応が何段階にもわたっていることが多く，**フィードバック調節**というシステムが機能します（図 9.20）。下位のホルモンが上位のホルモン分泌器官に働いて，一連のホルモンの分泌量を調節します。

＊1　T$_3$：トリヨードサイロニン
＊2　T$_4$：サイロキシン
＊3　インスリンは脾臓 β 細胞から分泌されます。他に α 細胞からはグルカゴンが，δ 細胞からはソマトスタチンが分泌されます。

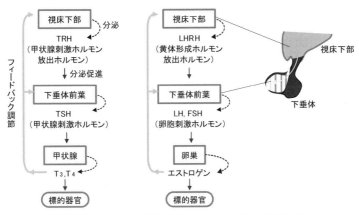

図 9.20 ホルモンの分泌を調節するフィードバック機構の例
-----▶ はすべて "分泌" を示す。

(2) ミネラルの種類と役割

1章で，人体を構成する原子や分子について説明しました。それらは主として，炭素 (C)，水素 (H)，酸素 (O)，窒素 (N) を含んでいました。これら以外で生理的機能を持つ元素やその元素で構成される物質を**ミネラル** (mineral，無機質) といいます（表 9.3）。ミネラルは，糖質，脂質，タンパク質，ビタミンとともに五大栄養素の一つとしてあげられ，様々な生理機能を担っています（表 9.4）。

表 9.3　おもなミネラル：体内の存在割合

ミネラル	割合 (%)	ミネラル	割合 (%)
カルシウム	2.00	マグネシウム	0.03
リ　　ン	0.6	鉄	0.006
硫　　黄	0.5	亜　　鉛	0.003
カリウム	0.16	銅	0.0001
ナトリウム	0.16	マンガン	0.00002
塩　　素	0.14	ヨ　ウ　素	0.00002

表 9.4　ミネラルの分類と役割

	種　類	役　割
体 液 の 成 分	Na, K, Mg, P, Cl	浸透圧調整，酸塩基平衡の維持，神経・筋肉の興奮の調整
酵 素 の 成 分	Mg, Mn, Zn, Fe, Cu, Co, Ca	酵素の機能発現
有機化合物の成分	Fe, I, P	ホルモン，タンパク質を構成
歯 や 骨 の 成 分	Ca, P	ハイドロキシアパタイトを構成

人体に最も多く含まれるミネラルはカルシウム（Ca）で，成人の体重に対して2%（体重60 kgの人では1.2 kg）含まれています。血中のカルシウムイオン濃度は，食物からの吸収と排泄，腎臓での再吸収，骨形成／骨吸収などにより，一定の範囲に維持されています（図9.21）。

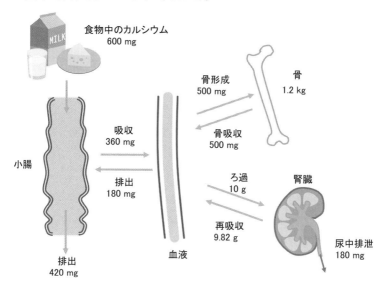

図9.21　体内におけるカルシウムの分布（成人60 kgの場合）

（3）酸と塩基の調節

ミネラルの作用の一つに体液pHの維持があります。組織液，血漿，リンパ液のpHが一定の範囲に調節されて，酸・塩基のバランス（平衡）が保たれています。ここではまず，2.7節でも学んだ「酸・塩基」と「pH」について復習しておきたいと思います。

（1）酸と塩基について

酸（acid）とは，電離して水素イオン（H^+，プロトン）を出す物質，すなわちプロトン供与体で，塩基（base）とは，H^+を受け取る物質（プロトン受容体）と定義されています[*1]。

---

*1　酸HAはH^+を解離して生じるA^-とは「共役な関係にある」といいます。HAはA^-の共役酸，A^-はHAの共役塩基といいます。

$$HA \longleftrightarrow H^+ + A^- \qquad H_2CO_3 \longleftrightarrow H^+ + HCO_3^-$$

　　酸　　　　　　塩基　　　　　酸　　　　　　　　　塩基

(2) pH

　水素イオン指数である pH は，水素イオン濃度 [H$^+$] に基づいて計算され，水素イオン濃度の負の対数（$-\log$）として表されます[*1]

$$pH = -\log [H^+] \tag{1}$$

　式 (1) において，pH の数値が増加した状況というのは，水素イオン濃度 [H$^+$]，すなわち酸性度が減少していることを意味します。たとえば，[H$^+$] と pH を具体的に数値で示すと次のようになります。

$[H^+] = 0.1 \, mol/L = 10^{-1} \, mol/L:$ 　　　$pH = 1$

$[H^+] = 0.00000001 \, mol/L = 10^{-8} \, mol/L:$ 　$pH = 8$

　　　　　　　　　　　　　　　　（pH = 1 に比べ [H$^+$] は少ない）

　健康な人の血液では，[H$^+$] が 45 ～ 35　　 nmol/L [*2] の間に保たれています。45 nmol/L $= 4.5 \times 10^{-8} \, mol/L$，35 nmol/L $= 3.5 \times 10^{-8} \, mol/L$ を pH で表すと，

$$pH = -\log (4.5 \times 10^{-8}) = 7.35$$

$$pH = -\log (3.5 \times 10^{-8}) = 7.45$$

となり，健康な人の血液の pH 範囲が 7.35 ～ 7.45 であることが理解できます（図 2.5 ならびに図 9.22 参照）。

　二酸化炭素や代謝物は，体液の pH を変化させます。このとき，共役塩基 (A$^-$) と酸 (HA) の濃度比が変化しています。pH は弱酸とその共役塩基の濃度比によって決まり，式 (2) で表現されます[*3]。pK_a は HA の酸解離指数，[A$^-$] と [HA] はそれぞれの濃度を示します。

$$pH = pKa + \log \frac{[A^-]}{[HA]} \tag{2}$$

[*1] 常用対数について：$x = 10^a$ の場合，$a = log_{10}x$ となります。生化学では底の 10 を略して表記することがあります。

[*2] n(ナノ) は 10^{-9} を意味する。nmol は「ナノモル」と読みます。

[*3] ヘンダーソン・ハッセルバルヒの式といいます。

(3) 緩衝作用について

体内での糖質や脂質の代謝により，クエン酸回路で生じた二酸化炭素（CO_2）が水に溶け，酸が多量に産生されます。

$$CO_2 + H_2O \longrightarrow H_2CO_3（炭酸）$$

また食事により，酸やアルカリが吸収され血液中に取り込まれますが，血液のpHは，7.35〜7.45の間に一定に維持されています。体内には，酸や塩基が入ってきても，様々な形でpHを一定範囲内に保つシステムが存在していて，これを**緩衝作用**といいます。

① 血液による緩衝系（炭酸／炭酸水素イオン）

代謝で生成したCO_2からは，まず，炭酸が生成します。

$$CO_2 + H_2O \rightleftarrows H_2CO_3 \rightleftarrows H^+ + HCO_3^-$$

次に，この炭酸（H_2CO_3）と炭酸水素イオン（HCO_3^-）による緩衝系が形成されます。炭酸の酸解離指数（pK_a）は6.1なので，これを式（2）に当てはめると，式（3）が得られます。

$$7.4 = 6.1 + \log \frac{[HCO_3^-]}{[H_2CO_3]}$$

$$\log \frac{[HCO_3^-]}{[H_2CO_3]} = 1.3 = \log \frac{20}{1} \tag{3}$$

$[HCO_3^-] / [H_2CO_3]$ の濃度比が20：1であれば，pHが7.4に保たれることが理解できます（図9.22）。このように炭酸／炭酸水素イオンは，血液の緩衝作用に深く関わっているのです。

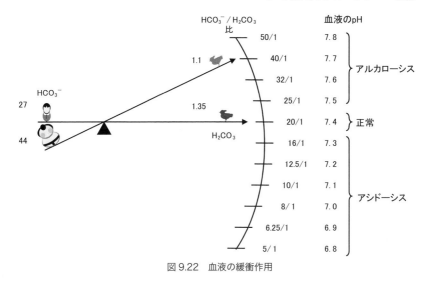

図 9.22 血液の緩衝作用

② 肺による調節

代謝で発生した CO_2 は赤血球の中に入り，酵素のはたらきで HCO_3^- となります。炭酸水素イオンは再び血漿中に出て，ナトリウムイオンと結合し炭酸水素ナトリウム（$NaHCO_3$）となって肺まで運搬され，CO_2 となって肺から排出されます。

③ 腎臓による調節

尿細管での HCO_3^- の再吸収では，H^+ の尿中への分泌を伴います。尿細管細胞[*1]は，細胞内の CO_2 と H_2O から H_2CO_3 を作り，さらに H^+ と HCO_3^- を供給します。原尿中の Na^+ が再吸収されると，上皮細胞内の H^+ は尿細管腔に分泌されます。尿細管腔から細胞内に取り込まれた Na^+ は，細胞内の HCO_3^- とともに，$NaHCO_3$ となって血漿に現れます。

(4) 酸・塩基平衡の異常

酸塩基平衡が崩れると，一定に保たれていた pH は低下して，アシドーシス

---

*1　糸球体からみて近い方にある尿細管を近位尿細管，遠い方を遠位尿細管といいます。

（酸血症），または上昇することで，アルカローシス（アルカリ血症）となります。さらに，血液の pH の変化とともに，肺での CO_2 の排出の促進または抑制，腎臓の尿細管での HCO_3^- の産生の促進または抑制もみられます（表9.5）。

表9.5　アシドーシスとアルカローシスの分類

	アシドーシス（血液 pH 低下）	アルカローシス（血液 pH 上昇）
呼吸性	〈CO_2 濃度の上昇が原因〉 喘息，肺気腫，筋無力症，気胸などによる低換気→ CO_2 濃度の上昇	〈CO_2 濃度の低下が原因〉 クモ膜下出血，過換気症候群→CO_2 濃度の低下
代謝性	〈H^+（酸）増加が原因〉 糖尿病時のケトン体増加，下痢による腸液喪失，腎不全での HCO_3^- 再吸収不良	〈H^+（酸）の減少が原因〉 嘔吐による胃液喪失，炭酸水素ナトリウム（重曹）の摂取過剰

―――――◆まとめ◆―――――

＊糖質，脂質，タンパク質は3大栄養素と呼ばれ，これにミネラル，ビタミンが加割った5大栄養素は，生命に維持に重要な物質である。

＊3大栄養素から取り出されたエネルギーは ATP に置き換えられ，生命活動におけるエネルギー物質として利用される。

＊ホルモンは血液を流れ，標的臓器や組織の機能を調節する内分泌物質である。

＊体内の酸，塩基（アルカリ）の状態は，物質の代謝や呼吸（CO_2）によって調節されている。

◆章末問題◆

【1】 空欄にあてはまる適切な語句を答えよ。

(1) ATP に含まれる（　　）が切断されるとエネルギーが発生する。

(2) ホルモンは（　　）細胞によって産生される。

(3) 水溶性ホルモンは（　　）受容体に結合する。

(4) ステロイドホルモンは脂溶性であり（　　）受容体に結合する。

(5) サイロキシンは（　　）から分泌される。

(6) 血液の pH を一定に保つ作用を（　　）という。

(7) 過換気により酸塩基のバランスが崩れると，（　　）となる。

【2】 膵臓から分泌されるのはどれか。（105 回 am29）

  1. ガストリン

  2. カルシトニン

  3. アルドステロン

  4. ソマトスタチン

【3】 頻回の嘔吐で生じやすいのはどれか。（107 回 am12）

  1. 血尿

  2. 低体温

  3. 体重増加

  4. アルカローシス

【4】 過換気でみられるのはどれか。（107 回 pm74）

  1. 骨格筋の弛緩

  2. 血中酸素分圧の低下

  3. 体循環系の血管の収縮

  4. 代謝性アルカローシス

  5. 血中二酸化炭素分圧の上昇

10 アミノ酸・タンパク質

　タンパク質はアミノ酸から構成されていますが，アミノ酸同士を連結させるには，共通の結合が用いられます。これによりさまざまなアミノ酸が組み合わさることで，数えきれないほどのタンパク質が生み出されます。また，アミノ酸がテキストに図示されたように2次元で連結しただけでは働くことはなく，立体構造が重要となります。生命活動に重要な，タンパク質の立体的な折りたたみの仕組みについても学びます。

　◆この章で学ぶこと
　　1　アミノ酸の特徴と種類
　　2　アミノ酸同士を連結するペプチド結合
　　3　タンパク質のはたらきに必要な立体構造

10.1　アミノ酸の特徴と種類

(1) 特　徴

　自然界には300種以上のアミノ酸が存在するといわれていますが，そのうち20種類がタンパク質に含まれます。アミノ酸は共通して，アミノ基とカルボキシ基[*1]という2つの化学的に特徴を持つ「パーツ」を分子中に有しています(図10.1)。

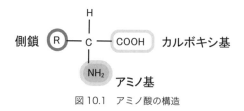

図 10.1　アミノ酸の構造

---

*1　"基"とは分子の中で，その化学的特徴を与える"原子の集団"を表します。他にヒドロキシ基（-OH），チオール基（-SH）などがあります。

アミノ基とカルボキシ基が結合している炭素は，α炭素とよばれます[1]。R にはアミノ酸ごとに異なるパーツが入ります。α炭素に結合している 4 つのパーツの配置のうち，2 つを入れ替える，たとえば，アミノ基（NH_2）と水素（H）を入れ替えると，もとのアミノ酸と立体的に重ね合わすことができない**光学異性体**という関係（鏡像関係）のアミノ酸ができ上がります（図 10.2）。

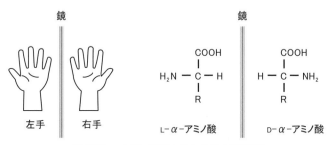

図 10.2　αアミノ酸の L 体と D 体：鏡像関係

タンパク質に含まれるアミノ酸は図 10.2 のうち L-α-アミノ酸です。R の部分が異なる 20 種のアミノ酸が，アミノ基とカルボキシ基により連結しています。この連結部分は，**ペプチド結合**とよばれています（図 10.3）。列車の連結部に相当し，一つ一つの車（アミノ酸）をつなげているようなイメージです。

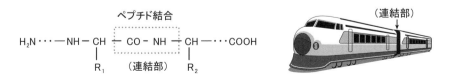

図 10.3　ペプチド結合でアミノ酸同士がつながる

（2）種類

20 種類のアミノ酸は表 10.1 や表 10.2 のように 3 文字または 1 文字で表記することがあります。その中でも，バリン，ロイシン，イソロイシン，メチオニン，リジン，スレオニン，トリプトファン，フェニルアラニンは**必須アミノ酸**（図10.4）として重要です。体内で十分量合成できないので食事で摂取することがす

---

*1　カルボキシ基に隣接する炭素が α，その隣が β となります。　　$\overset{\beta}{-CH_2}-\overset{\alpha}{CH_2}-COOH$
　　　　　　　　　　　　　　　　　　　　　　　　　　　　　　　　3　　2　　1

太め　ろば3

・**フ**ェニルアラニン
・**ト**リプトファン
メチオニン

・**ロ**イシン
・**バ**リン

・**ス**レオニン
・**リ**ジン
イソロイシン

太めろば ×3

図 10.4　必須アミノ酸の覚え方

表 10.1　親水性アミノ酸

アミノ酸	3文字/1文字	構造	分類
アスパラギン酸	Asp / D	$HOOC-CH_2-CH-COOH$ の下に NH_2	酸性
グルタミン酸	Glu / E	$HOOC-(CH_2)_2-CH-COOH$ の下に NH_2	
リジン	Lys / K	$H_2N-(CH_2)_4-CH-COOH$ の下に NH_2	塩基性
ヒスチジン	His / H	$CH_2-CH-COOH$ の下に NH_2（イミダゾール環）	
アルギニン	Arg / R	$HN=C-HN-(CH_2)_3-CH-COOH$ の下に NH_2, NH_2	
アスパラギン	Asn / N	$O=C-CH_2-CH-COOH$ の下に NH_2, NH_2	非電荷
システイン	Cys / C	$SH-CH_2-CH-COOH$ の下に NH_2	
グルタミン	Gln / Q	$O=C-(CH_2)_2-CH-COOH$ の下に NH_2, NH_2	
セリン	Ser / S	$HO-CH_2-CH-COOH$ の下に NH_2	
スレオニン	Thr / T	$CH_3-CH-CH-COOH$ の下に OH, NH_2	
チロシン	Tyr / Y	$OH-（ベンゼン環）-CH_2-CH-COOH$ の下に NH_2	
グリシン	Gly / G	H_2N-CH_2-COOH	

すめられ，幼児期ではヒスチジンも必須アミノ酸となります。

　また，アミノ酸は化学構造により，**親水性アミノ酸**と**疎水性アミノ酸**に分類することができます。親水性は極性と表現されることもあります[*1]。親水性アミノ酸（表 10.1）は，タンパク質分子の外側に存在し，水と接しています。このグループには，水と水素結合（2 章参照）を作る −OH（ヒドロキシ基），−SH（チオール基）を含むアミノ酸が分類されます。また，アミノ酸の名称はアルファベットで 3 文字または 1 文字で表記されることもあります。

　一方，疎水性アミノ酸（表 10.2）は水から遠ざかり，タンパク質分子の内部に存在しています。疎水性アミノ酸では，図 10.1 の R（側鎖といいます）に含まれる炭化水素鎖が，疎水性[*2]という性質を与えています。

表 10.2　疎水性アミノ酸

アミノ酸	3文字/1文字	構造
アラニン	Ala / A	$H_2N-CH-COOH$ $\quad\quad\ \ |$ $\quad\quad CH_3$
バリン	Val / V	$CH_3-CH-CH-COOH$ $\quad\quad\ |\quad\ \ |$ $\quad\quad CH_3\ NH_2$
ロイシン	Leu / L	$CH_3-CH-CH_2-CH-COOH$ $\quad\quad\ |\quad\quad\quad\ |$ $\quad\quad CH_3\quad\quad NH_2$
イソロイシン	Ile / I	$CH_3-CH_2-CH-CH-COOH$ $\quad\quad\quad\quad\ |\quad\ \ |$ $\quad\quad\quad\quad CH_3\ NH_2$
メチオニン	Met / M	$CH_3S-(CH_2)_2-CH-COOH$ $\quad\quad\quad\quad\quad\quad |$ $\quad\quad\quad\quad\quad NH_2$
フェニルアラニン	Phe / F	⟨benzene⟩$-CH_2-CH-COOH$ $\quad\quad\quad\quad\quad |$ $\quad\quad\quad\quad NH_2$
トリプトファン	Trp / W	⟨indole⟩$-CH_2-CH-COOH$ $\quad\quad\quad\quad\quad |$ $\quad\quad\quad\quad NH_2$
プロリン	Pro / P	⟨pyrrolidine HN⟩$-COOH$

[*1] 極性：水（H_2O）は分子全体で電荷はゼロとなっていますが，分子内では水素が +，酸素が−に電気を帯びています。これを分極といい，このような分子を極性分子といいます。極性分子は分子内の +/ −により，ほかの水分子内の +/ −と結合を作ります（2 章参照）。これが親水性という現象につながるわけです。

[*2] 疎水性：親水性（極性）とは反対の性質であり，"非極性"という語で表現されることもあります。

(3) 性　質

　アミノ酸は陽イオンとなるアミノ基と，陰イオンになるカルボキシ基を同一分子中に持っています。よって，水溶液中では陽陰いずれのイオンにもなることができ，このような分子を**両性電解質**といいます。また，負電荷，陽電荷の数が等しくなるようなpHを**等電点**（pI）といいます（図10.5）。タンパク質にも等電点があり，血漿タンパク質の分析には電気泳動[*1]（15章）により，分子の大きさや，等電点のような電気的性質で分離，確認する方法が用いられます。

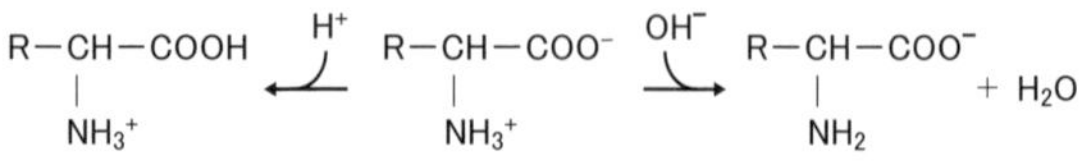

$$R-\underset{NH_3^+}{CH}-COOH \xrightarrow{\ H^+\ } R-\underset{NH_3^+}{CH}-COO^- \xrightarrow{\ OH^-\ } R-\underset{NH_2}{CH}-COO^- + H_2O$$

水溶液のpH	pH＜ 等電点	pH＝ 等電点(pI)	pH＞ 等電点
アミノ酸の電荷	正	ゼロ	負

図10.5　等電点はアミノ酸やタンパク質分子ごとで異なる

10.2　タンパク質の分類

(1) 機能別

　タンパク質は私たちの体の中で，様々な生理機能に関与しています。これらの機能によりタンパク質の種類を分類することができます（表10.3）。図9.7も参照して下さい。

表10.3　機能によるタンパク質の分類

種類	機能	例
酵素タンパク質	生体内反応の触媒	アミラーゼ，リパーゼ，ペプシン
構造タンパク質	結合組織の成分	コラーゲン，ケラチン，エラスチン
収縮タンパク質	筋収縮、細胞の運動	アクチン，ミオチン
輸送タンパク質	物質の輸送	ヘモグロビン，アルブミン
防御タンパク質	生体防御	免疫グロブリン，補体
貯蔵タンパク質	物質の貯蔵	フェリチン(鉄)，カゼイン(アミノ酸)
調節タンパク質	代謝や遺伝子発現	インスリン，転写因子

＊1　電気泳動：寒天ゲルなどに電気をかけ，そこに注入した試料中のDNAやタンパク質を分子のサイズにより分離する方法。

（2）構造別分類

タンパク質を構造別に分類すると，以下の 3 つに区分されます。

①単純タンパク質（αアミノ酸のみで構成）

②複合タンパク質（単純タンパク質にそれ以外の成分が結合）（表 10.4）

③誘導タンパク質（単純タンパク質や複合タンパク質を分解したもの）

表 10.4　複合タンパク質の例

種　類	特　徴
糖タンパク質	糖が結合。卵白オボムコイド，血清タンパク質など
リポタンパク質	脂質が結合。血清リポタンパク質など
色素タンパク質	色素分子が結合。赤血球のヘモグロビン，筋肉のミオグロビン，軟体動物のヘモシアニンなど
リンタンパク質	リン酸が結合。乳カゼインなど
金属タンパク質	金属イオンが結合。SOD[*1]，フェリチン[*2]
核タンパク質	核酸が結合。細胞核の核タンパク質など

10.3　タンパク質の姿を語る 4 段階

アミノ酸から作られたタンパク質について，その姿かたち（立体構造）は大変重要なものとなります。どんなアミノ酸が含まれているのか，どんな立体構造をしているかを知ることは，病気の原因を探ったり，新薬の開発などの手がかりとなるのです。人には，生年月日，居住地，健康状態，経済状況などの個人情報があるように，通常，一つ一つのタンパク質の構造についても，4 つのレベルの情報があり，その内訳を以下に紹介します。

（1）一次構造

タンパク質を構成するアミノ酸は 20 種類あり，アミノ酸同士はペプチド結合とよばれる部分で連結しています。このアミノ酸の配列順序をタンパク質の**一次構造**といいます。アミノ酸にはそれぞれアルファベット 1 文字が割り当てられていて，一次構造は下記のように表記します（図 10.6）。

＊1　SOD: スーパーオキシドディスムターゼ（銅、亜鉛イオンを含む）は活性酸素を除去します。

＊2　フェリチン：鉄イオンを含む。

N末端側

```
MKWVTFISLL  FLFSSAYSRG  VFRRDAHKSE  VAHRFKDLGE  ENFKALVLIA  FAQYLQQCPF
EDHVKLVNEV  TEFAKTCVAD  ESAENCDKSL  HTLFGDKLCT  VATLRETYGE  MADCCAKQEF
ERNECFLQHK  DDNPNLPRLV  RPEVDVMCTA  FHDNEETFLK  KYLYEIARRH  PYFYAPELLF
FAKRYKAAFT  ECCQAADKAA  CLLPKLDELR  DEGKASSAKQ  RLKCASLQKF  GERAFKAWAV
ARLSQRFPKA  EFAEVSKLVT  DLTKVHTECC  HGDLLECADD  RADLAKYICE  NQDSISSKLK
ECCEKPLLEK  SHCIAEVEND  EMPADLPSLA  ADFVESKDVC  KNYAEAKDVF  LGMFLYEYAF
RHPDYSVVLL  LRLAKTYETT  LEKCCAAADP  HECYAKVFDE  FKPLVEEPQN  LIKQNCELFE
QLGEYKFQNA  LLVRYTKKVP  QVSTPTLVEV  SRNLGKVGSK  CCKHPEAKRM  PCAEDYLSVV
LNQLCVLHEK  TPVSDRVTKC  CTESLVNRRP  CFSALEVDET  YVPKEFNAET  FTFHADICTL
SEKERQIKKQ  TALVELVKHK  PKATKEQLKA  VMDDFAAFVE  KCCKADDKET  CFAEEGKKLV
AASQAALGL
```

C末端側

図10.6　ヒト血清アルブミンの一次構造[*1]

タンパク質のアミノ酸配列は，先頭が N 末端とよばれ，末尾が C 末端とよばれます。

(2) 二次構造

タンパク質の最も簡単な立体構造として，**αヘリックス**（らせん），**βシート**とよばれる構造があり，二次構造とよばれます（図10.7）。図のように，球と直線だけで描くと複雑なので，背景のようにリボンで表されることがあります。

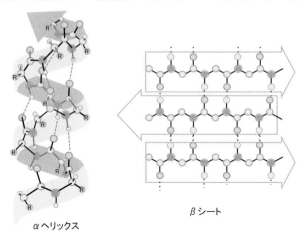

βシート

αヘリックス

図10.7　二次構造

　一次構造では，あるアミノ酸は，両隣のアミノ酸とペプチド結合により連結しています。しかし，タンパク質分子内では，一次構造中における，両隣「以外」のアミノ酸同士が結合することがあります。この結合が最も基本的な立体

＊1　アルブミンは血漿タンパク質で最も多い（約60%）タンパク質です。

構造である**二次構造**を作り上げるのです。二次構造には図 10.8 のような 4 つの結合のうちいずれか，または複数が関与しています。

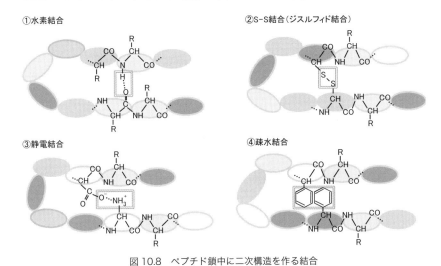

図 10.8 ペプチド鎖中に二次構造を作る結合

①〜④の結合はそれぞれ図中の ▭ で示されている。だ円の 1 つ 1 つはアミノ酸を示している。

（3）三次構造

α ヘリックス構造や β シート構造などの二次構造を形成したペプチドが，さらに折りたたまれてできた立体構造を**三次構造**といいます。球状やこれに似た構造をとり，親水性アミノ酸が表面に現れ，疎水性アミノ酸は内側に存在しています。タンパク質の立体構造の表記には，色をつけたリボンを用いて表すことがあります（図 10.9）。

図 10.9 ヒト血清アルブミンの三次構造

（4）四次構造

　ある三次構造を形成したタンパク質分子は，酵素など様々な働きを持つようになります。三次構造でひとまとまりになっている分子同士がさらに複数集合することで，より大きな集合体ができる場合があり，これを**四次構造**といいます。この四次構造となった集合体を構成する分子は**サブユニット**とよばれます。たとえば，ヘモグロビンは α サブユニット 2 分子と β サブユニット 2 分子により四次構造を形成しています[*1]（図 10.10）。

図 10.10　ヘモグロビンの四次構造
ヘモグロビンに含まれているヘム（青の◎）に酸素が結合する。

10.4　タンパク質の変性

　タンパク質は加熱処理，強酸，強塩基，有機溶媒（アルコールなど），重金属イオン（Pb^{2+},Hg^{2+} など），界面活性剤（SDS など），尿素などの作用により，生理活性に必要な高次構造を失います。これをタンパク質の**変性**といいます。タンパク質が，凝固や沈殿を形成する場合は変性が起きています（図 10.11）。

　タンパク質分子内の結合のうち，ペプチド結合以外で，高次構造に関与している結合（水素結合など）が切断され，本来の立体構造が変化することによって生じます。さらに，タンパク質の変性は，元の状態に戻らない不可逆的な場合と，変性剤の除去により立体構造，生理機能が元に戻る可逆的な場合があります。

---

*1　合計 4 つのサブユニットから成るので四量体（テトラマー）といわれます。2 つのサブユニットで構成される場合は，二量体（ダイマー）といいます。単量体（モノマー）として存在するタンパク質もあります。

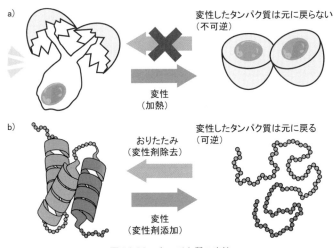

図 10.11　タンパク質の変性

a) 不可逆的な変性　b) 可逆的な変性

━━━━━━━◆まとめ◆━━━━━━━

＊アミノ酸には共通してアミノ基とカルボキシ基が含まれている。

＊アミノ酸は陽イオンにも陰イオンにもなることができる両性電解質である。

＊タンパク質の構造に関する情報は一次構造から四次構造まであり，二次構造以降は立体的な形に関するものである。

＊タンパク質の変性では，立体構造とともに，元来の機能を失う。

◆章末問題◆

【1】空欄にあてはまる適切な語句を答えよ。

(1) アミノ酸の α 炭素にはアミノ基と（　　　）基が結合している。

(2) （　　　）は幼児期における必須アミノ酸である。

(3) アミノ酸には水になじむ（　A　），アミノ酸と水となじまない（　B　）アミノ酸がある。

(4) アミノ酸同士の連結には（　　　）結合が用いられる。

(5) アミノ酸の電荷がゼロとなる pH を（　　　）という。

(6) タンパク質の二次構造には（　A　）や（　B　）などがある。

(7) 四次構造を構成している，それぞれのタンパク質を（　　　）という。

(8) 加熱や酸，アルカリによるタンパク質の高次構造変化を（　　　）という。

【2】タンパク質で正しいのはどれか。（104 回 pm27）

1. アミノ酸で構成される。

2. 唾液により分解される。

3. 摂取するとそのままの形で体内に吸収される。

4. 生体を構成する成分で最も多くの重量を占める。

11 酵　　素

　私たちの体の中で，栄養分の分解や骨格も形成，維持には，材料だけあっても何も進みません。こういった代謝反応の推進力として働く酵素には，たくさんの種類が存在します。まず，酵素に共通する特徴を知り，多様な酵素の働きについて学びます。代謝がどのように私たちの生理作用を支えているのか理解したいと思います。

◆この章で学ぶこと
  1　酵素の性質〜すべての酵素に共通する点と違いは何か
  2　酵素の種類〜たくさんの種類があるのはなぜか
  3　補酵素〜ビタミンは体内で何をしているのか

11.1　酵素は何者か
　酵素（Enzyme）はもともと，ワインを作るときに用いる微生物である酵母（*S. cerevisiae*）の中にあって，発酵に必要な成分として見い出されました。この成分は，ギリシャ語の「en(中に)，zume(酵母)」にちなんで，酵素と名づけられました（図11.1）。酵母は生き物（微生物）ですが，酵素はタンパク質からなる分子で，化学反応を促進する物質（触媒）[*1] です。

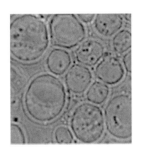

図11.1　酵素は生物の中に含まれた「触媒」

＊1　触媒は化学反応を促進します。化学反応のスピードを加速しますが，触媒自身は反応前後で変化しません。

11.2　酵素の基本的性質

（1）基質特異性

　酵素は特定の物質としか反応しません。鍵と鍵穴の関係にたとえられます。唾液に含まれるアミラーゼはデンプンを分解することができ，デンプンのように，酵素の作用を受ける側の物質を**基質**（substrate）といいます。酵素が特定の基質とのみ反応する性質を，**基質特異性**といいます（図 11.2）。

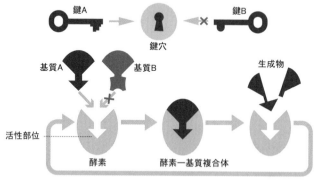

図 11.2　基質特異性

　酵素は，化学変化を加速させる性質を持っています。たとえば，デンプンを水の中でかき混ぜても，ほとんど分解しません。しかし，アミラーゼを加えると次第にデンプンの分解が進み，麦芽糖が生成します（図 11.3）。

図 11.3　アミラーゼによるデンプンの分解

酵素を加えると，加えない場合に比べ，基質の化学変化が加速されます。[*1]
化学変化を起こすには，エネルギーの山を越える必要があり，この山の高さを
活性化エネルギー（activation energy）といいます。酵素はこの活性化エネルギー
を下げて，化学変化を速く進行させることができます（図 11.4）。このような
酵素のはたらきは，触媒作用とよばれます。

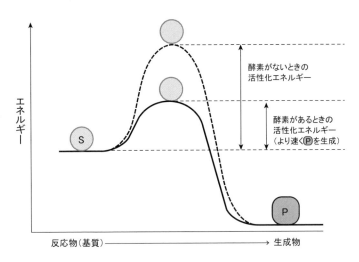

図 11.4 反応を促進するとは，活性化エネルギーを下げるということ

（2）酵素の種類

　酵素の名称は，基質の名前に -ase をつけている場合が多くみられます。た
とえば，アミラーゼ（amylase）はデンプンのアミロース（amylose）を，リパーゼ
（lipase）は脂質（lipid）を分解するはたらきがあるなど，酵素の名称からある程
度，基質やはたらきを推測できることがあります[*2]。

（例）

$$\boxed{タンパク質} \xrightarrow{\text{プロテアーゼ}} \boxed{アミノ酸}$$
　　基　質　　　　　　　　　　　　生成物

　プロテアーゼ（protease）はタンパク質（protein）を基質とする酵素です。

＊1　一般に酵素反応は　E+S ⇄ ES → E+P　と表します。Eは酵素，Sは基質（substrate），Pは生成物（product）
　　です。

＊2　たとえば，乳酸脱水素酵素は Lactate dehydrogenase と書きますが，この酵素は乳酸（Lactic acid）か
　　ら水素（hydrogen）を取る反応（de −は取れた状態）を促進すると理解できます。

表 11.1　酵素の種類

分類	酵素名(例)	生化学反応	関連
① 酸化還元酵素	乳酸脱水素酵素	乳酸 ⟷ ピルビン酸	11,12 章
② 転移酵素	ペプチジル転移酵素	ペプチド中のアミノ酸＋アミノ酸 → ペプチド鎖の伸長	15 章
③ 加水分解酵素	リパーゼ	トリグリセリド（TG） → モノグリセリド＋脂肪酸	13 章
④ 脱離酵素	ドーパ脱炭酸酵素	L-DOPA → ドーパミン	14 章
⑤ 異性化酵素	グルコースイソメラーゼ	グルコース ⟷ フルクトース	12 章
⑥ 合成酵素	DNA リガーゼ	DNA 鎖 ＋ DNA 鎖 → 連結	15 章

＊①〜⑥の分類は国際生化学連合による分類（EC1 〜 EC6）によります。表中の酵素名（例）はあくまで各分類の一例です。

11.3　酵素が機能する条件

　ヒトは待遇や環境条件が良いと，より良い働きをすると予想できます。酵素の場合にも，基質を分解したり新しい分子を合成するといった時に，その機能が一番発揮される**至適（最適）条件**（Optimum condition）があります。特に，温度と pH は重要な条件であり，これらの条件から少し外れただけで機能が低下したり，中にはほとんど機能しないこともあります。

（1）至適温度

　酵素が最もよくはたらく温度は**至適温度**とよばれ，酵素ごとによって異なります（図 11.5）。ヒトに含まれる酵素は，体温に近い 30 〜 40℃付近で最もよく

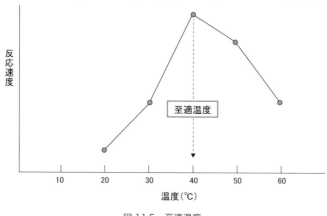

図 11.5　至適温度

はたらきます[1]。

(2) 至適 pH

　pH は、タンパク質の立体構造に大きく影響します。酵素が最もよく働く pH は**至適 pH** といいます（図 11.6）。この pH から大きくずれた環境下では、タンパク質である酵素には変性（10.4 節参照）が生じます。変性により酵素タンパク質の正しい立体構造が保持されず、基質との反応性が低下します（図 11.7）。

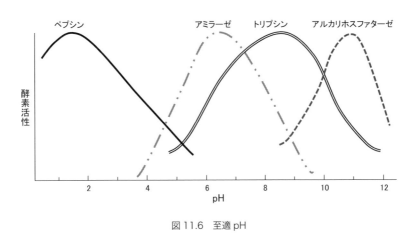

図 11.6　至適 pH

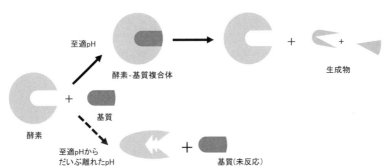

図 11.7　pH が変化すると酵素の構造が崩れ、反応性が低下する

---

[1]　温泉が湧いている 100℃を超えるようなところにも微生物が発見されます。そのような生き物に含まれる酵素の場合、至適温度が 90℃以上のこともあります。

（3）反応速度

　一定時間の間に起こる物質の変化量を反応速度（v）として表します。酵素反応の場合，"時間あたりの基質の変化量"が反応速度として用いられます。**ミカエリス・メンテンの式**は酵素反応速度を表し（図 11.8），薬の代謝速度や，酵素反応の阻害物質による影響を調べるのに用いられます。

$$v = \frac{V_{max} \cdot [\,S\,]}{K_m + [\,S\,]}$$

V_{max}：**酵素の最大反応速度**
$[\,S\,]$：**基質濃度**
K_m　：**ミカエリス定数**

図 11.8　ミカエリス・メンテンの式

　ミカエリス・メンテンの式に出てくる K_m 値は，酵素と基質の親和性を表しています。K_m 値が小さいほど親和性が高く，同一酵素で異なる基質を作用させた場合，K_m 値が小さい方の反応が，速く最大反応速度に到達します（図11.9）。

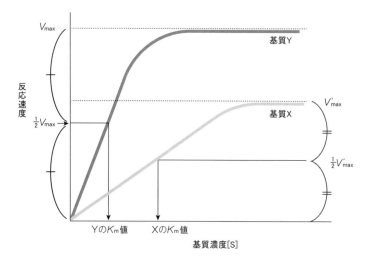

図 11.9　K_m 値と基質親和性

　また，同じ酵素–基質の組み合わせの場合，酵素濃度を一定で，基質濃度をどんどん増やしていくと，はじめのうちは反応速度がぐんぐん上がりますが，あるところで頭打ちとなり，そこで最大反応速度となります（図 11.10）。

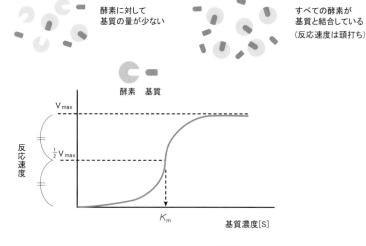

図11.10　最大反応速度

　これは，開店間際のレストランに，だんだん客が押し寄せてきて，しまいに
は満席となって行列ができた状態に例えられます。時間あたりにさばける客の
人数は大体決まっているので，お店の人は並んでいる人に，予め待ち時間を教
えてあげることができます。同様に，酵素が時間あたりに反応できる基質の量
（すなわち反応速度）についても，ミカエリス・メンテンの式により計算でき
るので，医薬品（基質）の体内での分解速度を予測することができます。

11.4　酵素の阻害剤

　酵素と基質は，「鍵と鍵穴」にたとえられました。酵素（鍵穴）に基質（鍵）
が入り込み，そこで化学反応が起こるわけですが，ときに，鍵穴には入っても，
鍵を開けることができないような場合があります。基質と似た構造の物質が酵
素と結合すると，生成物は作らず，結合したまま，正しい基質との反応を邪魔
します。この基質と似た物質を**阻害剤**（Inhibitor）といいます。
　酵素の阻害剤が医薬品として機能することも多く，たとえば，プロトンポン
プ阻害薬があります[*1]。プロトンポンプは胃壁細胞において，胃酸分泌に関わっ

[*1]　プロトンポンプ阻害薬："プロトン"（H^+）を分泌させるタンパク質のはたらきを阻害します。ランソプラゾー
ル（商品名：タケプロン）などがあります。

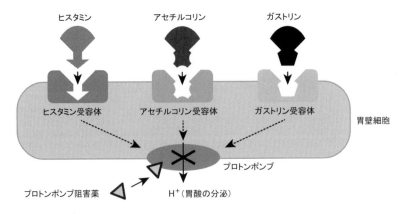

図 11.11　医薬品として用いられる酵素阻害剤

ているタンパク質であり，ATP のエネルギーを使って，H⁺（胃酸）を分泌します（図 11.11）。プロトンポンプは ATP の分解酵素でもあるので，この酵素の働きを阻害すると，胃酸分泌も抑制されるという仕組みです。

　また，酵素の阻害様式は次のように分類されます。

① **競合阻害**：阻害剤の化学構造が基質と似ているため，活性部位に阻害剤が割り込み，基質との反応を阻害します（K_m 値は大きくなります）。

② **非競合阻害**：阻害剤は酵素と結合しますが，活性部位とは異なる場所に結合するため，基質と酵素の親和性には影響しません（K_m 値は変化しません）。

③ **不競合阻害**：阻害剤は酵素−基質複合体とのみ結合します。

11.5　酵素活性の制御

　私たちの体の中にある酵素は，常に働き続けているわけではありません。基質と効率よく反応するため，酵素タンパク質自体は存在していても，そのはたらきは抑えられていて，必要なときに活性が上昇するよう制御されています（図 11.12）。

　フィードバック制御では，一連の酵素反応の最終生成物が，最初の段階の酵素に阻害的に作用することで，下流の酵素反応も阻害します。また，阻害物質が基質結合部とは異なる場所に結合し，酵素反応を調節することがあり，この

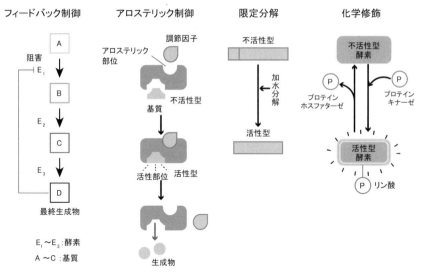

図 11.12　酵素活性は様々な方法でコントロールされている

ような制御を**アロステリック制御**といいます。

　また，酵素タンパク質が，不活性な状態から活性型の状態に至る様式として，**限定分解**があります[*1]。他に細胞内では，**化学修飾**としてリン酸化酵素による活性の調節も多くみられます[*2]。

11.6　診断に用いられる酵素

　血液検査の項目には，血糖値やコレステロール値などとともに，AST，ALT，LDH[*3] など酵素の値もならんでいます。本来，これらの酵素は，組織（細胞）中に含まれていて，血液にはほとんど存在していませんが，何らかの異常により血液に漏出し，検査値が増加することがあります。血液中に増加してきた酵素を調べることで，様々な組織や臓器の異常を診断することができます

[*1]　キモトリプシンがキモトリプシノーゲン（不活性）から，トロンビンがプロトロンビン（不活性）から生じる場合などが，限定分解に相当します。トロンビンは血液凝固因子で，プロトロンビンはその前駆体です。

[*2]　タンパク質のリン酸化：プロテインキナーゼ（リン酸化酵素）とプロテインホスファターゼ（脱リン酸化酵素）があります。リン酸化されている状態と，活性／不活性の対応は酵素（タンパク質）ごとによって異なります。

[*3]　乳酸脱水素酵素（図 11.15 参照）

（16 章参照）。体内には，同じ基質特異性を有する，分子構造が異なる酵素が存在します。これを**アイソザイム**といい，組織ごとで分布が異なります（図11.13）。

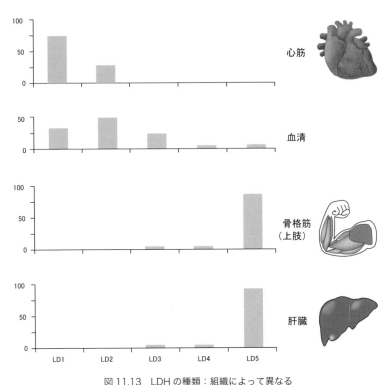

図11.13 LDH の種類：組織によって異なる

縦軸はアイソザイム（LD1 〜 5）の分布比率（%）を示す。

11.7 酵素を用いた医薬品，日用品

　医薬品として，酵素そのものを用いた，例えば消化酵素を配合した胃腸薬があります。リパーゼは脂肪の消化を助け，タカジアスターゼはデンプン（糖質）の分解を助けます。一方，酵素の働きを抑制する酵素阻害剤も，医薬品として様々なものが用いられています。例えば，抗インフルエンザ薬として知られているタミフルやリレンザはノイラミニダーゼ阻害薬として働きます（図7.12）。インフルエンザウイルスは増殖する際に，ノイラミニダーゼという酵素が必要

になりますが，ノイラミニダーゼ阻害薬はこの酵素の働きを止め，ウイルスの体内での増殖・拡散を抑制します。

さらに，日用品としては洗濯用洗剤や食器用洗剤などに添加され，汚れ成分を分解する酵素が用いられていることがあります。プロテアーゼはタンパク質成分の汚れ除去に有効であるとされています。また，セルラーゼは木綿やレーヨンなどの衣服のセルロース分子を部分的に分解し，繊維の隙間に入り込んだ汚れの洗浄を助けます。

11.8　酵素活性に必要な因子

これまで，酵素はタンパク質からできていることを説明しました。至適温度を大きく超えると，タンパク質は立体構造を保つことができないため，酵素の場合は活性を失い，これを**失活**といいます（図 11.14）。

図 11.14 アミラーゼは加熱すると活性を失う

酵素の活性にはタンパク質部分以外に，それ以外の成分が必要な場合があります。タンパク質以外の成分を，**コファクター（補因子）**といいます。コファクターには，金属イオン（Mg^{2+}, Cu^{2+}, Fe^{2+} など）やビタミンなどの有機物質（**補酵素**といいます）があります。酵素はコファクターを結合していない場合，**アポ酵素**といい，コファクターを結合し，完全なはたらきをするものを**ホロ酵素**

といいます（図 11.15）。

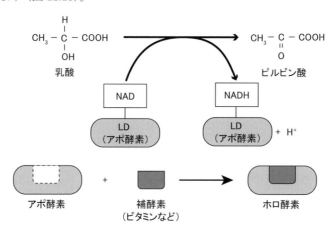

図 11.15　アポ酵素とホロ酵素（乳酸脱水素酵素）

11.9　ビタミン

　ビタミン（vitamin）は，体内で合成できないか，合成できても十分量ではない有機化合物です。補酵素として機能する水溶性ビタミンとともに，それ以外の生理機能を有する脂溶性ビタミンについてもここで取り上げます。ビタミンは食事の摂取などにより体外から補う必要があり，不足すると特有の**ビタミン欠乏症**が現れます（表 11.2）。

(1)　水溶性ビタミン

　水溶性ビタミンは血液などの体液に溶けています。尿から余剰分は排出されるので，過剰症は少ないとされています。さまざまな代謝に必要な酵素のはたらきに必要であり，ビタミン B 群（B_1，B_2，B_6，B_{12}，ナイアシン，パントテン酸，葉酸，ビオチン），ならびにビタミン C が水溶性ビタミンとして分類されます。

① ビタミン B_1（チアミン）
作用：グルコース代謝酵素の補酵素として働きます。欠乏症の**脚気**では，四肢の痛みと麻痺，筋力低下，浮腫などが現れます。

表11.2 ビタミンの機能, 欠乏症, 過剰症

種 類		機 能	欠 乏 症	過 剰 症
脂溶性ビタミン	ビタミン A	視細胞での光反応, 網膜細胞の保護	乳幼児:角膜乾燥症から失明の場合も。成人:夜盲症	頭痛, 奇形出産の可能性
	ビタミン D	腸管や腎臓での Ca と P の吸収, 骨の成長	乳幼児ではくる病, 成人では骨軟化症	高 Ca 血症, 腎障害, 軟組織石灰化, 成長遅延
	ビタミン E	抗酸化作用	脳軟化症, 肝臓壊死, 腎障害, 溶血性貧血	出血傾向
	ビタミン K	血液凝固因子の活性化	血液凝固遅延, 新生児メレナ	
水溶性ビタミン	ビタミン B_1	グルコース代謝, 分枝アミノ酸代謝	脚気, ウェルニッケ脳症	頭痛, いらだち, 不眠, 接触皮膚炎
	ビタミン B_2	FMN や FAD として代謝に関与	口内炎, 角膜炎, 皮膚炎, 貧血	—
	ビタミン B_6	補酵素 PLP として機能	ペラグラ様症候群, 舌炎, 口角症, うつ状態, 錯乱	—
	ビタミン B_{12}	Met 合成酵素の補酵素	悪性貧血	—
	ビタミン C	コラーゲン合成	壊血病	胃シュウ酸結石, 吐き気, 下痢
	葉酸	赤血球の成熟, 核酸の塩基成分の合成	巨赤芽球性貧血	神経障害
	ナイアシン	アルコール脱水素酵素などの補酵素	ペラグラ（皮膚炎, 下痢, 神経症状）	消化不良, 肝機能低下
	パントテン酸	CoA の構成成分	—	—
	ビオチン	抗炎症物質の生成（アレルギー症状緩和）	リウマチ, シェーングレン症候群	—

食品：穀類, 豆類, ナッツ, 牛乳, 牛肉, 豚肉, ウナギ

② ビタミン B_2（リボフラビン）

作用：FAD^{*1} や FMN^{*2} に変化して, 各種酸化酵素の補酵素として働きます。

---

*1 FAD：フラビンアデニンジヌクレオチド
*2 FMN：フラビンモノヌクレオチド

食品：レバー，牛乳，卵，魚介類

③ ビタミン B_6（ピリドキシン）

作用：ピリドキサールリン酸（PLP）という補酵素型に変化します。PLP はアミノ基転移酵素（ALT など）の補酵素で，タンパク質の代謝に不可欠です。

食品：肉類，卵，レバー，豆類，小麦，マグロ

④ ビタミン B_{12}（シアノコバラミン）

作用：アミノ酸代謝酵素の補酵素として働きます。欠乏するとチミン合成が低下し，DNA 合成障害により悪性貧血となります[1]。

食品：動物性食品（レバー），チーズなど

⑤ ナイアシン（ニコチン酸，ニコチンアミド）

作用：ナイアシンの補酵素型は，NAD[2] または NADP[3] です。ともに，脱水素酵素の補酵素として働きます。肝臓でトリプトファンから合成されます。

食品：レバー，肉類，マグロ，カツオ，酵母

⑥ パントテン酸

作用：補酵素 A（coenzymeA）の成分として脂質，糖質，アミノ酸の代謝に必要です。ヒトでは腸内細菌が合成します。

食品：レバー，卵黄，納豆，鶏肉

⑦ 葉　酸

作用：体内で還元されて，テトラヒドロ葉酸（THF）となり，補酵素として働きます。THF は，DNA の成分であるプリン塩基（アデニン，グアニン）およびピリミジン塩基（そのうちのチミン）の合成に必要です。

　また，葉酸と構造が似ているメトトレキサートは，酵素阻害により THF

---

*1　菜食主義者にみられます。
*2　NAD：ニコチンアミドアデニンジヌクレオチド
*3　NADP：ニコチンアミドアデニンジヌクレオチドリン酸

の生成を抑制します[1]。よって，葉酸代謝拮抗薬として，リンパ性白血病，骨肉腫などの細胞分裂の盛んな悪性腫瘍の治療に用いられます。

食品：レバー，野菜類，豆類

⑧ ビタミンC（アスコルビン酸）

作用：強い抗酸化作用を持ち，活性酸素から体を守っています。欠乏すると，結合組織のコラーゲンの合成が障害され，皮膚や血管がもろくなり，皮下に出血が起こる**壊血病**が発症します。

食品：緑黄色野菜，果物，緑茶，イモ類

(2) 脂溶性ビタミン

　脂溶性ビタミンは水に溶けにくく，体内に入ると脂肪組織や肝臓に貯蔵されます。補酵素などとして，体の機能を健康に保つ働きをしていますが，摂りすぎによる過剰症に注意も必要です。ビタミンA，ビタミンD，ビタミンE，ビタミンKがこの脂溶性ビタミンとして分類されます。

① ビタミンA

作用：レチナール，レチノール，レチノイン酸があります。レチナールやレチノールは視覚機能に必要です。一方，レチノイン酸は，上皮組織の維持や成長，細胞の分化に関わっています。

　網膜の杆体にはロドプシンというタンパク質があり，これは**ビタミンA**から生成したレチナールにオプシンというタンパク質が結合したものです。**ロドプシン**に光が当たると，その情報が大脳へ伝えられて明暗が感じられま

---

[1]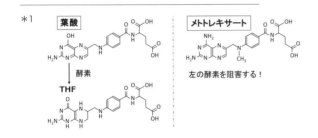

葉酸　→（酵素）→　THF

メトトレキサート　左の酵素を阻害する！

す（図 11.16）。

食品：牛や鶏の肝臓，ウナギ

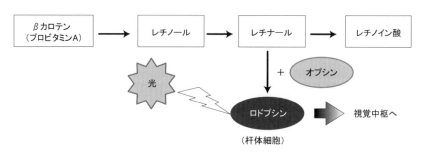

図 11.16　ビタミン A と光の伝達

② ビタミン D

作用：ビタミン D_2[*1] と，ビタミン D_3[*2] があります。**ビタミン D は活性型とな**り生理作用を示します。小腸や腎尿細管に作用して，カルシウム再吸収を促進します。ビタミン D は，体内では肝臓と腎臓で酵素反応を受けて，活性型ビタミン D になります（図 11.17）。

食品：シイタケや酵母などにはプロビタミン D_2 が含まれ，紫外線によってビタミン D_2 となります。

図 11.17　ビタミン D の生成

③ ビタミン E

作用：生体内で抗酸化作用を示します。代謝反応で活性酸素が増え，細胞成分の酸化が進むと，老化やがんにつながります。**ビタミン E は自身が酸化さ**れることにより，細胞成分の酸化を防いでいます。

---

*1　ビタミン D_2：エルゴカルシフェロール
*2　ビタミン D_3：コレカルシフェロール

食品：小麦胚芽油，大豆油，植物油

④ ビタミン K

作用：抗出血作用を持つ**ビタミン K** は，肝臓でプロトロンビンなどの前駆体に働き，トロンビンによる血液凝固作用を発揮させます（図 11.18）[*1]。

食品：ビタミン K_1 は，野菜や海藻に多く，ビタミン K_2 は納豆に含まれるほか，腸内細菌によっても生成されます。

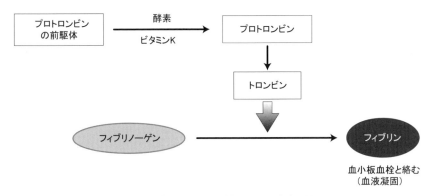

図 11.18　ビタミン K は血液凝固因子の生成に関わる

━━━ ◆まとめ◆ ━━━

＊酵素は基質とよばれる特定の物質とのみ反応する「基質特異性」がある。

＊酵素ごとに至適温度，至適 pH といった最適反応条件が異なる。体内の酵素の至適温度は体温付近である。

＊体内の酵素は常に働いているのではなく，いくつかの形式でコントロールされている。

＊酵素の働きを抑制する阻害剤は医薬品として用いられている。

＊ビタミンには水溶性ビタミンと脂溶性ビタミンがある。脂溶性ビタミンは欠乏症だけでなく過剰症にも注意が必要である。

─────────────────

＊1　一方、ワルファリン（血液凝固阻止薬）はビタミン K と構造が類似していて，ビタミン K の作用を阻害し，血液凝固に関わるフィブリンの生成を抑えます。

◆章末問題◆

【1】 空欄にあてはまる適切な語句を答えよ。

(1) 酵素が特定の基質とのみ反応する性質を（　　）という。

(2) 酵素が最もよく働く温度を（　　）という。

(3) 連続する酵素反応で，最終生成物による（　　）により，酵素の活性が調節されることがある。

(4) 酵素分子のうち，活性発現に必要なタンパク質以外の成分を（　　）という。

(5) トリプシンはキモトリプシンの（　　）によって生じる。

【2】 ビタミンと生理作用の組み合せで正しいのはどれか。（107回 pm27）

1. ビタミンA　————　嗅覚閾値の低下
2. ビタミンD　————　Fe^{2+} 吸収の抑制
3. ビタミンE　————　脂質の酸化防止
4. ビタミンK　————　血栓の溶解

【3】 ビタミンの欠乏とその病態との組み合せで正しいのはどれか。（105回 pm71）

1. ビタミンA　————　壊血病（scurvy）
2. ビタミンB$_1$　————　代謝性アシドーシス
3. ビタミンC　————　脚気（beriberi）
4. ビタミンE　————　出血傾向

12 糖 質

　生活上の様々な場面，たとえば，歩行時に手足の筋肉を動かすとき，脳でお
つりの計算をしているとき，あるいは，食べた物の消化や，心臓の収縮など無
意識の生命活動においても，エネルギーが必要となります。ヒトは様々な物質
からエネルギーを得ていますが，なかでも糖質はエネルギーの供給に重要な役
割を果たしています。この章では，糖質の種類を確認した後，エネルギーがど
のように取り出されるのかを学びます。また，糖質の代謝の異常が原因となる
病気についても紹介します。

◆この章で学ぶこと
1　糖質の種類と特徴
2　糖質からのエネルギー物質（ATP）の発生過程
3　細胞内の「呼吸」と肺で行う「呼吸」の関係
4　糖尿病について

12.1　糖質の分類

(1) 単糖類と二糖類

　糖は，炭素（C），水素（H），酸素（O）から構成されています。最も小さい
単位を**単糖**といい，炭素が5つ含まれている**五炭糖**（ペントース），6つ含まれ
ている**六炭糖**（ヘキソース）がよく用いられます。最も小さい単糖は三炭糖で，
食物として直接摂取することはありませんが，グルコースの分解過程で発生し
ています。さらに，グルコース，フルクトース，ガラクトースなどの**単糖類**（図
12.1）が2つ結合したものがあり，これを**二糖類**といいます（図12.2）。

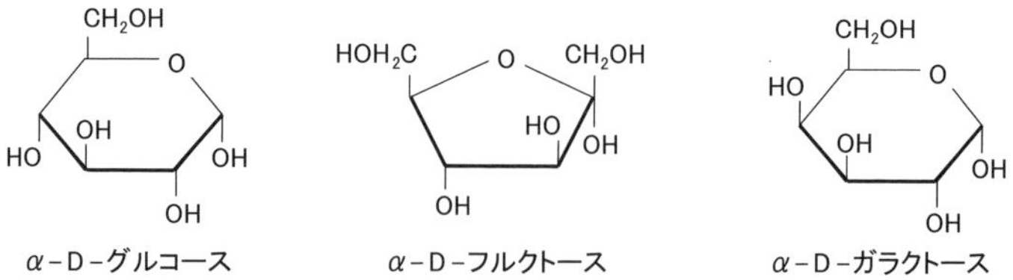

α-D-グルコース α-D-フルクトース α-D-ガラクトース

図12.1 おもな単糖類

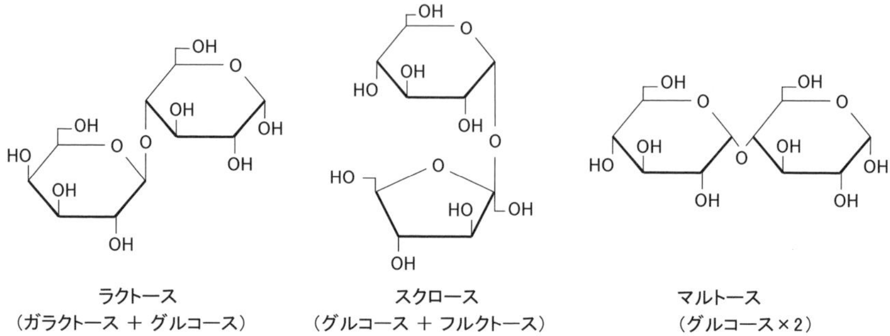

ラクトース
（ガラクトース ＋ グルコース）

スクロース
（グルコース ＋ フルクトース）

マルトース
（グルコース×2）

図12.2 おもな二糖類

糖はいずれも水に溶けやすい性質を持っています。これは構造中にアルコールに含まれる**ヒドロキシ基**（−OH）を持っているからです。ヒドロキシ基とは別に，ケトン基（$\rangle$C=O），またはアルデヒド基（−CHO）を有しており，それぞれ，ケトース，アルドースとよびます（図12.3）。グルコースは分子中に**アルデヒド基**を持っているので，アルドースということになります（図12.4）。

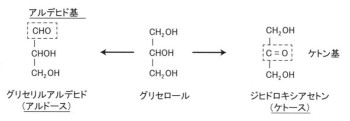

図12.3 糖が水に溶けやすいのはヒドロキシ基を持っているから

グルコースは水溶液中では，αまたはβ型の環状構造をとっています（図12.4）。この立体構造の違いは，私たちのからだの中での消化の際に重要な情報となります。唾液中の酵素αアミラーゼは，α型で結合しているグルコース

の重合体であるデンプンを分解します。

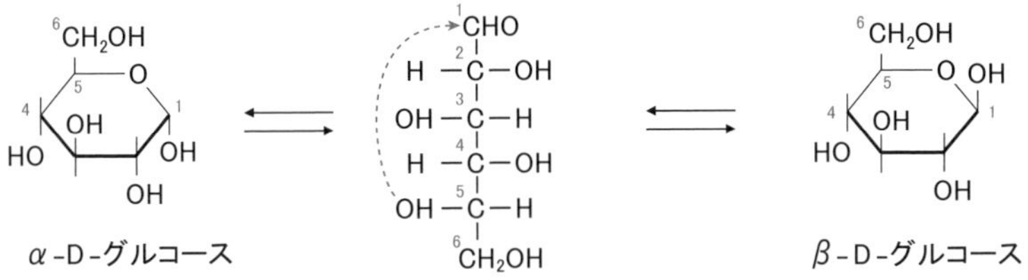

$$
\alpha\text{-D-グルコース} \quad \longleftrightarrow \quad
\begin{array}{c}
^1CHO \\
H-^2C-OH \\
OH-^3C-H \\
H-^4C-OH \\
OH-^5C-H \\
^6CH_2OH
\end{array}
\quad \longleftrightarrow \quad \beta\text{-D-グルコース}
$$

図 12.4 グルコース（$C_6H_{12}O_6$）には 2 つの環状構造がある[*1]

　図 12.4 の構造は 3 つともグルコースを示しますが，立体的な違いがあります。青色の数字は炭素の番号です。中央の直線状グルコースの 5 番目の C に結合している OH の O と，1 番目の CHO の炭素との間で結合ができ，α 型または β 型の環状グルコースが生成します。

（2）多糖類

　動物，植物いずれも，糖質グルコースを連結させ，高分子として貯蔵している理由を考えます。たとえば，たくさんのキャンディーをつかみ取りすると手からこぼれ落ちてしまいますが，同じ量でもネックレスのように連なっていると，そのようなことは起きません。動物の場合は，グルコースはグリコーゲンとして高分子になることで，肝臓や筋肉に貯蔵できます（図 12.5）。

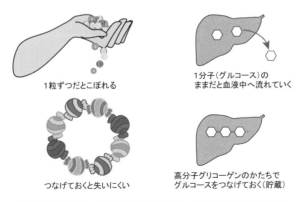

1粒ずつだとこぼれる

1分子（グルコース）の
ままだと血液中へ流れていく

つなげておくと失いにくい

高分子グリコーゲンのかたちで
グルコースをつなげておく（貯蔵）

図 12.5 グルコースはなぜグリコーゲンとして貯蔵されるのか？

[*1] 水溶液中での存在比率は，α 型が 33%，β 型が 67% です。

158

　植物の場合，グルコースは**デンプン**[*1] として貯蔵されるほか，**セルロース**も，グルコースが連結した高分子であり，細胞壁成分として存在しています。デンプンとセルロースはグルコース同士の結合が，α 型と β 型と立体構造が異なるため，ちがう酵素によって分解されます。唾液などに含まれる α アミラーゼはデンプン（図 12.6）を分解しますが，セルロース（図 12.7）は分解できません。一方，草食動物の場合は，腸内にセルラーゼを作る細菌が住んでいるので，ヒトには分解できないセルロースを消化することができます。

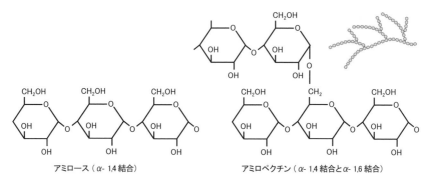

アミロース（α- 1,4 結合）　　アミロペクチン（α- 1,4 結合と α- 1,6 結合）

図 12.6　デンプンの構造

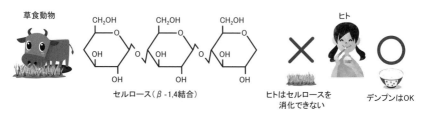

セルロース（β -1,4結合）　　ヒトはセルロースを消化できない　　デンプンはOK

図 12.7　ヒトはなぜ "セルロース" を消化できないのか？

12.2　糖質の体内でのゆくえ〜糖質代謝

（1）消化と吸収

　食品に含まれる糖質，脂質，タンパク質などの栄養素は，体内に吸収される前に，まず消化器官において，より小さいサイズの分子に分解されます。糖質

---

*1　デンプンにはアミロースとアミロペクチンが含まれます。アミロースはらせん構造で，ヨウ素分子を取り込んで紫色に呈色します。アミロペクチンはジャムのネバネバ成分です。

はグルコースなどの単糖，または二糖として吸収されます。難消化性の多糖類であるセルロース，βグルカンなどは消化管で分解を受けないので吸収されません。

（2）代謝の概要～エネルギーになるまでのルート

　細胞内に取り込まれたグルコースは，**解糖系，クエン酸回路，電子伝達反応**において，酸化分解を受け，水と二酸化炭素とエネルギー物質（ATP）を生成します（図12.8）。このようなエネルギー生成の基本となる生化学反応を中心に，糖の貯蔵（グリコーゲン合成），糖の生成反応（糖新生，ペントースリン酸経路）などについても理解を深めたいと思います。

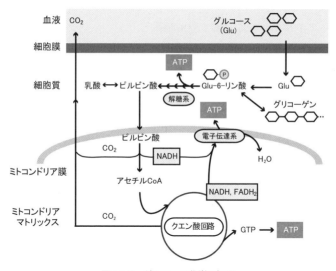

図12.8　グルコース代謝の概要

　様々な糖の種類の中でも，なぜ，グルコースに着目するかというと，この糖があらゆる細胞が利用できる重要なエネルギー源だからです。グルコースに含まれるエネルギーは解糖系という連続する化学反応によって，ATPとして取り出されます。解糖系で生成するATP以外に，NADH[*1]，$FADH_2$[*2]やピルビン

---

*1　NADH：ニコチンアミドアデニンジヌクレオチド
*2　$FADH_2$：フラビンアデニンジヌクレオチド

酸からも，電子伝達反応によって ATP が生成します。以下の＊印の式に含まれる代謝経路はクエン酸回路（(4) 項）ならびに電子伝達系（(5) 項）とよばれ，ミトコンドリアに存在する酵素が作用する化学反応です。解糖系は細胞質の酵素によって進行します。

＜解糖系：細胞質＞

グルコース　→　2ATP　＋　2 ピルビン酸　＋　2NADH

＜クエン酸回路と電子伝達系：ミトコンドリア＞

＊　ピルビン酸　→　アセチル CoA　→　クエン酸回路　→ NADH

＊　NADH　→　電子伝達系　→　ATP

(3) 糖からエネルギーを取り出す—解糖系

グルコースの分解からはじまる解糖系では，10 以上の酵素反応を経て，**ピルビン酸**を生じます。酸素が十分に供給されている状態，すなわち**好気条件**においては，ピルビン酸は，解糖系に続くクエン酸回路で代謝されます。一方，酸素がない**嫌気条件**[*1] においては乳酸が生成物となります（図 12.9）。細胞内に取り込んだグルコースは，段階的に分解することで効率よく ATP を生成できます。この特徴は，目的地に序々に向かう旅に例えることができます（イメージ1）。

＜イメージ 1 ＞

新幹線　　東京 → 新横浜 → 名古屋 → 京都 → 大阪 → 新神戸 → 岡山 → 広島
　　→ 博多（途中下車で何度かお土産を買える）

解糖系　　グルコース → ………… → → → ………… → ピルビン酸 ＋ ATP
（途中に何度かエネルギー (ATP) が得られる）

しかし，一気に進むと，エネルギー (ATP) を取り出せないのです。

＜イメージ 2 ＞

飛行機　　羽田 → 福岡（お土産は東京でしか買えない）

燃　焼　　グルコース → 水 ＋ 二酸化炭素（ATP は得られない）

---

*1　腸内細菌である乳酸菌, ビフィズス菌は O_2 がない条件で生育する嫌気性菌です。

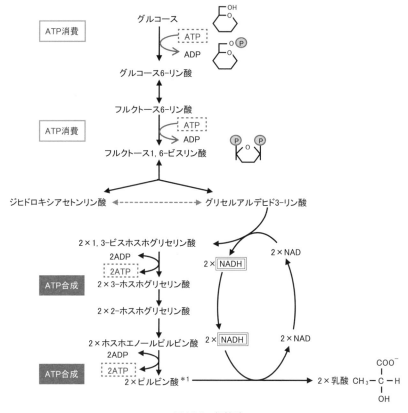

図 12.9　解糖系

（4）クエン酸回路

　ピルビン酸はミトコンドリア内に入り，そこでアセチル CoA となります。アセチル CoA はさらにクエン酸回路とよばれる経路で，次々と化学反応を受け，NADH と $FADH_2$ という形でエネルギーが取り出されます（図 12.10）。また，GTP が発生し，グアニン（15.1 節 (2) 参照）部分がアデニンに変換されて ATP となります。

　グルコースに由来するエネルギーは，アセチル CoA がクエン酸回路で反応

---

*1　ピルビン酸　COOH
　　　　　　　　│
　　　　　　　　C=O
　　　　　　　　│
　　　　　　　　CH₃

を受けることで，**高エネルギー電子**として NADH，FADH$_2$ に渡されます。こ
れら 2 つの物質は，ミトコンドリア膜に埋め込まれている酵素群（電子伝達系）
に，エネルギー電子を運ぶことで ATP の生成に関与します（次項 (5)）。よって，
電子伝達物質とよばれます。

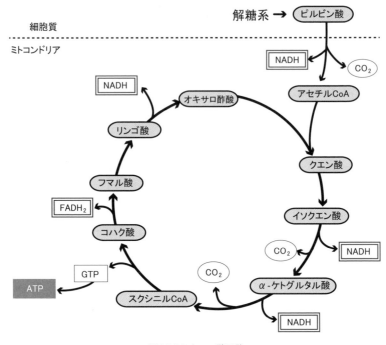

図 12.10 クエン酸回路

(5) 電子伝達系〜 ATP の大量生産

NADH と FADH$_2$ が運ぶ高エネルギー電子は，ATP の生成に用いられます。
高エネルギー電子は，隣接する酵素に受け渡され，水素イオンをくみ出し，内
膜の両側に濃度差を作ります。最終的に，この濃度勾配（濃度差）により ATP
合成酵素を動かし，残りのエネルギーを使って酸素から水を生成し，一連の電
子伝達反応は終了します（図 12.11）。

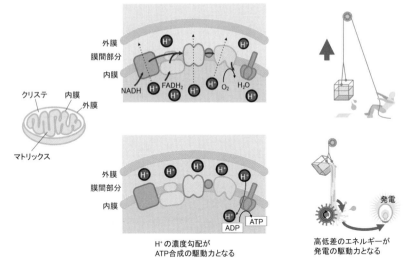

図 12.11 電子伝達系

また，電子伝達系においては，NADH と FADH$_2$ が生成する ATP 分子数が異なり，NADH からは 3 分子，FADH$_2$ からは 2 分子の ATP が生成します（図12.12）。その理由は，エネルギー電子を酵素に渡す場所が異なるためです。さらに，解糖系で生じた NADH もミトコンドリアに運ばれ[*1]，この電子伝達系において ATP を生成します。

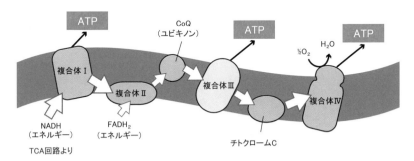

図 12.12　NADH と FADH$_2$ が ATP 生成のエネルギーを与える

---

*1　解糖系で生じた NADH が細胞質からミトコンドリアに運ばれるには，2 つのルートがあります。一つは FADH$_2$ としてミトコンドリアに入るグリセロリン酸シャトル，もう一つは NADH のままミトコンドリアに入るリンゴ酸シャトルです（図には示していません）。組織によって，どちらのルートを用いるのか異なるので，1 分子のグルコースから生じる ATP 分子数に違いが生じます。36 分子，または 38 分子となることを確認してみてください。

このように，私たちの体内ではグルコースに含まれる炭素は，クエン酸回路で二酸化炭素として変化し，酸素は電子伝達系の最終段階で消費されています。いずれもミトコンドリアで起こっており，酸素の消費と二酸化炭素の発生を**ミトコンドリア呼吸**，または**内呼吸**とよんでいます（図12.13）。内呼吸で発生した二酸化炭素は，**外呼吸**で酸素と交換されます。

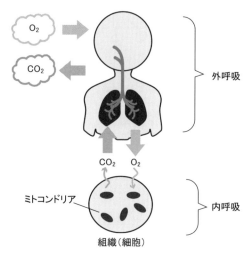

図12.13　内呼吸と外呼吸のつながり

（6）グリコーゲンの生成と分解

エネルギー源が必要量確保されている場合，余剰分のグルコースは**グリコーゲン**として，肝臓と筋肉で貯蔵されます。肝臓には重量の10％，筋肉には1％程度のグリコーゲンが貯蔵されます。体重60 kgの人の場合，肝臓に126 g，筋肉に294 gのグリコーゲンが貯蔵されます。血糖値が低下した場合には，肝臓のグリコーゲンが用いられます（図12.14）[*1]。

---

*1　筋肉組織にはグルコース-6-リン酸の脱リン酸化を行う酵素（ホスファターゼ）がないので，筋肉から血中へグルコースを放出することはありません。図12.14の左側で確認して下さい。

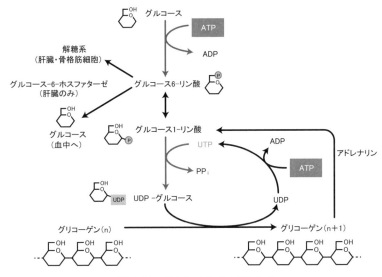

図 12.14　グリコーゲンの生成と分解

（7）糖新生

　通常食間では，グリコーゲンやトリグリセリド（中性脂肪）によってエネルギーが供給されます。しかし，飢餓時などグリコーゲン減少による血糖の供給が途絶えるのを防ぐために，**糖新生**というシステムがあります（図 12.15）。糖

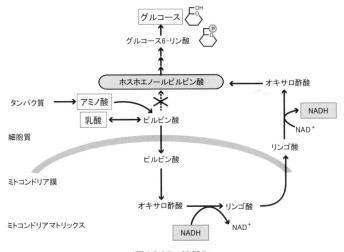

図 12.15　糖新生

新生では，糖質以外の乳酸，アミノ酸，グリセロールなどからグルコースが生成し，おもに肝臓でみられます。

（8）ペントースリン酸経路

グルコース（六炭糖：ヘキソース）からリボース[*1]などのペントース（五炭糖）を生じる経路を**ペントースリン酸経路**といいます（図 12.16）。リボースは核酸の成分として用いられます。この経路では，エネルギー物質である ATP は生成しませんが，脂質の合成に必要な NADPH を生成します。

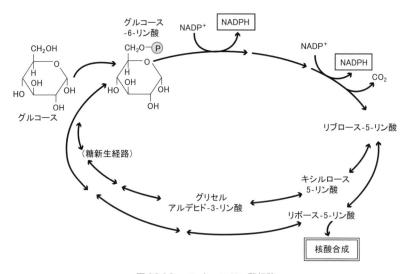

図 12.16　ペントースリン酸経路

12.3　糖質代謝が関係する病気

（1）ラクトース不耐症

ラクトース（乳糖）を分解するラクターゼが欠損し，乳糖が分解できない状態を，**ラクトース不耐症**といいます。乳糖は乳製品に含まれており，小腸の粘

---

*1　リボース
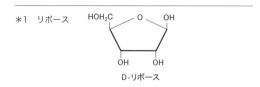
D-リボース

膜細胞の表面に存在する**ラクターゼ**によって分解されます（図 12.17）。しかし，ラクターゼが欠損すると，乳糖の濃度が高まって水分が引き寄せられ，下痢を引き起こします[1]。

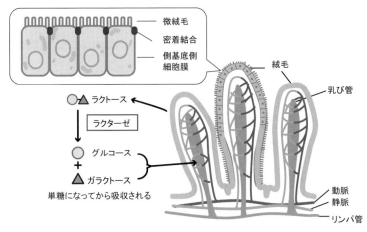

図 12.17　ラクトースの分解と吸収

（2）糖尿病

　私たちの体の組織がグルコースを必要とするとき，十分に供給できるように，血糖値は 80 ～ 100 mg/dL [2] に維持されています。食事をした後は，血糖値は一時的に 130 ～ 150 mg/dL 程度にまで増加します（図 12.18）。血糖値が上昇することで，膵臓（β 細胞）からは**インスリン**というホルモンが血中へ分泌されます。インスリンは各組織（細胞）におけるグルコースの取り込みを促すので，血糖値が抑制されます。一方，血糖値を上昇させる必要があるときは，インスリンとは逆の作用を持つ**グルカゴン**が膵臓（α 細胞）から分泌されます。これらのホルモンの作用により，血糖値が適切な濃度に維持されています。

　インスリンの分泌不全や作用不足により，組織にグルコースが取り込まれず，高血糖の状態にある場合を**糖尿病**（Diabetes）といいます（図 12.19）。糖尿病では糖質が利用できず，脂肪の分解が亢進します。その結果，ケトン体の増加

---

*1　また，小腸で吸収されず，大腸へ進んだ乳糖は，細菌の発酵を引き起こします。その結果，腸内にガスが溜まり腹部の膨張を招きます。

*2　1dL（デシリットル）＝ 100 mL

（13.5 参照）により高ケトン血症となり，喉の渇き，吐き気，大量に尿が出る，全身のだるさ，といった症状が見られます。また，高血糖が維持されることにより，神経や細い血管が傷害され，網膜症，腎症，神経傷害などの合併症が引き起こされます。

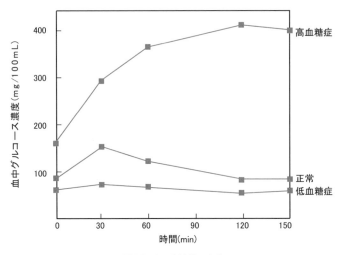

図 12.18　血糖値の変化

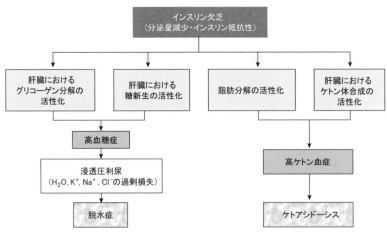

図 12.19　高血糖は様々な合併症に至る

―◆まとめ◆―

＊単糖は，含まれる炭素の数により，六炭糖，五炭糖などに分類される。

＊多糖類のデンプンやセルロースは，多数のグルコースにより構成されている。

＊グルコースは細胞質の解糖反応（解糖系）により，ピルビン酸と ATP を生成する。ピルビン酸からは，さらにミトコンドリアのクエン酸回路，電子伝達反応で多数の ATP が生成される。

＊糖尿病では，血中グルコースが細胞内に取り込まれないので，高血糖の状態が持続される。

◆章末問題◆

文章中の空欄に入る適切な語句を答えよ。

(1) スクロースはグルコースと（　　　）により構成される。

(2) 炭素が5つ含まれる糖を（　A　），6つ含まれる糖を（　B　）という。

(3) 解糖系では，嫌気条件においてグルコースからATPと（　　　）が生成する。

(4) クエン酸回路では，電子伝達物質である（　A　）や（　B　）が生成する。

(5) 血糖として用いられるグリコーゲンは（　　　）由来のものである。

(6) アミノ酸や乳酸など糖以外の物質からグルコースができる反応を（　　　）という。

(7) インスリンは組織による（　　　）の取り込みを促進する。

(8) 糖尿病では（　　　）の分解が亢進することでアシドーシスとなる。

13 脂　質

　「水と油のようだ」というフレーズは，全く逆の性質で，互いになじまない
ことを表現するときに使います。しかし，私たちの体は反発し合うはずの水と
油（脂）で構成されているのです。水が半分以上を占める私たちの体に，脂質
がどのように取り込まれ，水分と共存しながら機能しているのかを学びます。

◆この章で学ぶこと
　1　血液サラサラ？ EPA や DHA とは〜脂質の種類と分類
　2　脂肪が高カロリーな理由〜脂質の代謝
　3　脂質代謝の異常による病気

13.1　脂質の分類

　脂質は私たちの体の中で，(1) 生体膜の構成成分，(2) エネルギー源，(3) 生
理活性物質（ホルモン，胆汁酸など）として働きます。化学的に，脂質は**単純脂質**，
複合脂質，**誘導脂質**の 3 つのグループに分けることができます（表 13.1）。

13.1.1　単純脂質

(1) 脂肪酸

　脂質は糖質と同じように，炭素（C），水素（H），酸素（O）から構成されて
います。**脂肪酸（R-COOH）**とアルコール（R'-OH）の 2 つの物質からできたエ
ステル[*1] のことを，単純脂質といいます。単純脂質は最も基本的な構造で，
アルコールの代わりにステロールが使われることもあります（表 13.1）。

　脂肪酸は生体内においてエネルギー源や，生理活性物質の原料として重要な
役割を担っています。また，体内で不可欠なものの合成できないものは**必須脂
肪酸**とよばれます[*2]。そして，脂肪酸の構造には，−COOH というカルボキシ

＊1　R-COOR' の構造をもつものをエステルといいます。
＊2　必須脂肪酸：リノール酸，リノレン酸，アラキドン酸

表13.1 脂質の化学的分類

	単純脂質	複合脂質	誘導脂質
特徴	脂肪酸とアルコールとのエステル	単純脂質にリン酸や糖が付加	単純脂質，複合脂質を加水分解したもの
例	トリグリセリド $CH_2-O-\overset{\displaystyle O}{\overset{\|}{C}}-R$ $CH-O-\overset{\displaystyle O}{\overset{\|}{C}}-R$ $CH_2-O-\overset{\displaystyle O}{\overset{\|}{C}}-R$	リン脂質	脂肪酸 $HO-\overset{\displaystyle O}{\overset{\|}{C}}-R$
	コレステロールエステル R-COO	糖脂質	コレステロール

基が共通して含まれています（表13.2）。カルボキシ基以外の，炭化水素鎖（–C–C–）部分に二重結合があるか，ないかで，**不飽和脂肪酸**あるいは**飽和脂肪酸**とよばれます。

不飽和脂肪酸は室温では固まりにくい性質があります。また，リン脂質二重層である細胞膜に流動性を与えています。不飽和脂肪酸のEPAには血液中の中

表13.2 脂肪酸の例

物質名	Cの数：二重結合数	融点（℃）	化学構造
飽和脂肪酸			
ミリスチン酸	14：0	52	$CH_3(CH_2)_{12}COOH$
パルミチン酸	16：0	63	$CH_3(CH_2)_{14}COOH$
ステアリン酸	18：0	70	$CH_3(CH_2)_{16}COOH$
不飽和脂肪酸			
オレイン酸	18：1	13	$CH_3(CH_2)_7CH{=}CH(CH_2)_7COOH$
リノール酸	18：2	−9	$CH_3(CH_2)_4(CH{=}CHCH_2)_2(CH_2)_6COOH$
α-リノレン酸	18：3	−17	$CH_3CH_2(CH{=}CHCH_2)_3(CH_2)_6COOH$
γ-リノレン酸	18：3	−17	$CH_3(CH_2)_4(CH{=}CHCH_2)_3(CH_2)_3COOH$
アラキドン酸	20：4	−50	$CH_3(CH_2)_4(CH{=}CHCH_2)_4(CH_2)_2COOH$
EPA [*1]	20：5	−54	$CH_3CH_2(CH{=}CHCH_2)_5(CH_2)_2COOH$
DHA [*2]	22：6	−44	$CH_3CH_2(CH{=}CHCH_2)_6CH_2COOH$

*1　EPA：エイコサペンタエン酸
*2　DHA：ドコサヘキサエン酸

性脂肪を低下させる機能や，DHAには認知機能低下を抑制する作用が期待されています。

(2) ＴＧ～トリアシルグリセロール

　グリセリンに脂肪酸が1つついた場合はモノアシルグリセロール，脂肪酸が2つの場合はジアシルグリセロールとなります（図13.2）。脂肪酸が3つついた**トリアシルグリセロール（TG）**はトリグリセリドともいいます[*1]。

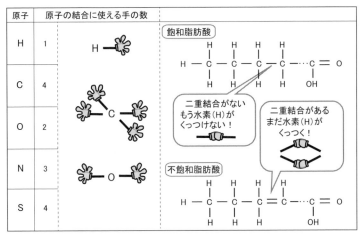

図 13.1　飽和と不飽和とは？

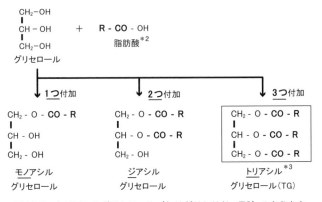

図 13.2　トリアシルグリセロール（トリグリセリド：TG）のなりたち

[*1]　TGは一般に中性脂肪ともよばれています。天然に存在する脂肪のほとんどはTGとして存在しています。
[*2]　脂肪酸分子のR-CO-の部分をアシル基といいます。
[*3]　モノ（mono）1つ　　ジ（di）2つ　　トリ（tri）3つ

(3) コレステロール

　コレステロールという名称は，胆汁（chole）に含まれることに由来します。炭素原子からなる複数の環構造がつながった，**ステロイド**とよばれる骨格が基本になっています（図13.3）。コレステロールは肝臓で合成され，様々な組織に含まれています。生体内では，**胆汁酸**（コール酸など），**ビタミンD，性ホルモン**（エストラジオール，テストステロン）などがステロイド骨格を持っており，コレステロールはこれらの材料として重要な役割を果たしています。

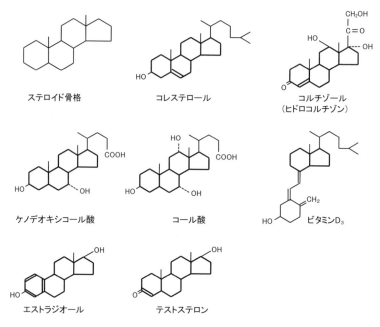

図13.3　コレステロールと関連する物質

13.1.2　複合脂質

(1) リン脂質

　単純脂質に，リン酸が付加したものを**リン脂質**といいます。リン脂質には，グリセロールを骨格に持つ**グリセロリン脂質**と，スフィンゴシンを骨格に持つ**スフィンゴリン脂質**があります（図13.4）。グリセロリン脂質の代表的なものはホスファチジルコリン（図13.4上）で，細胞膜に多く含まれています。スフィンゴリン脂質の代表的なものはスフィンゴミエリン（図13.4下）で，特に神経

細胞のミエリン鞘に多く存在し，神経の機能に重要です。

例：レシチン（ホスファチジルコリン）

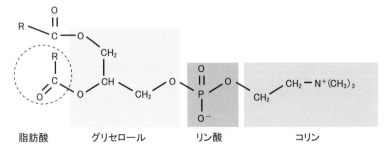

脂肪酸　　　　　グリセロール　　　　リン酸　　　　　コリン

例：スフィンゴミエリン

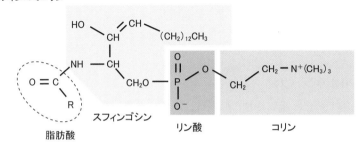

脂肪酸　　スフィンゴシン　　　　リン酸　　　　コリン

図 13.4　リン脂質

（2）糖脂質

　脂質に糖が付加したものを**糖脂質**といいます。グリセロールに脂肪酸と糖がついた**グリセロ糖脂質**，スフィンゴシンに脂肪酸が結合し（セラミド），これに糖がついた，**スフィンゴ糖脂質**があります（図 13.5）。

　ヒト体内において，スフィンゴ糖脂質は血液型物質として見いだされるほか，脳組織にも存在しています。スフィンゴ糖脂質のうち，糖（ガラクトースまたはグルコース）が１つ結合したものをセレブロシドといいます（図 13.5）。別のスフィンゴ糖脂質としてガングリオシドがあり，糖を複数含んでいて，酵素によって代謝されています[*1]。

---

*1　この分解酵素の欠損は，ガングリオシドの脳組織への蓄積による，テイーサックス病（精神運動遅滞）の
　　原因になります。

セラミド

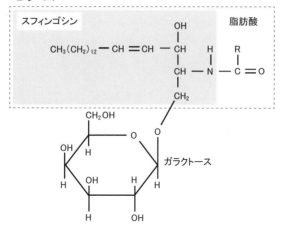

図 13.5　糖脂質

（3）リポタンパク質

　小腸で消化，吸収された脂質は，タンパク質と結合し，**リポタンパク質**を形成します。リポタンパク質の構造は球状で，その表面にはリン脂質が親水性部分を外側に向けて存在し，アポリポタンパク質も存在しています（図 13.6）。これにより，血漿中で水に溶けることができます。コレステロールやトリグリセリドは疎水性分子で，球状構造の内側に存在しています。

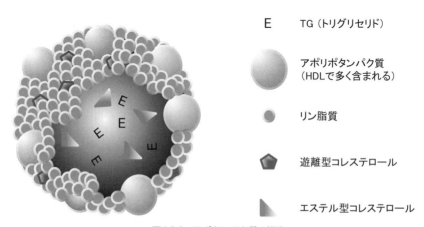

E	TG（トリグリセリド）
	アポリポタンパク質（HDLで多く含まれる）
	リン脂質
	遊離型コレステロール
	エステル型コレステロール

図 13.6　リポタンパク質の構造

　リポタンパク質に含まれる脂質とタンパク質の割合が変わると，密度が異なってきます。脂質の割合が大きい順に，**キロミクロン**，VLDL（超低比重リポタンパク質），IDL（中間比重），LDL（低比重），HDL（高比重）となります（表13.3）。

表13.3　リポタンパク質の種類

リポタンパク質の種類	キロミクロン	VLDL	IDL	LDL	HDL
機能	食物からの中性脂肪の運搬	肝臓で合成された脂肪の運搬	LDLに代謝される過程で生成	血液中のコレステロールの主要運搬体	末梢組織のコレステロールを肝臓へ運搬
脂質	多い				少ない
タンパク質	少ない				多い
大きさ					
サイズ	90 nm〜1 μm	35〜75 nm	25〜30 nm	19〜22 nm	7〜10 nm
成分	85〜90%が中性脂肪	中性脂肪を多く含む	リパーゼの作用でTGは分解されている	コレステロールを多く含む	タンパク質を多く含む

13.2　脂質の代謝

(1)　消化と吸収

　中性脂肪であるトリアシルグリセロール（TG）は，酵素**リパーゼ**（Lipase）によって分解されます（図13.7）。TGはモノグリセリドと遊離脂肪酸に分解されたのち，**胆汁酸塩**が加わり，**ミセル**[*1]が形成されます。小腸粘膜細胞はミセルを吸収するとともに，TGを再生します。

[*1]　水溶液中において，両親媒性分子（水にも脂にも溶ける）が一定濃度を超えると，親水性部分を外側に向けた球状の集団を作ります。これをミセルといいます（6.4節 (2) 参照）。

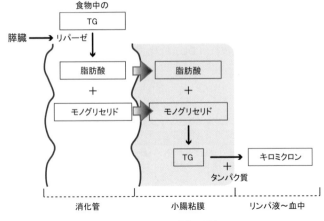

図 13.7　TG の消化と吸収

(2) 代謝の概要

　脂肪酸は β 酸化とよばれる代謝経路で分解され，アセチル CoA や NADH といった糖質の分解過程でも共通して生じる物質を生成します。よって，エネルギー物質である ATP 産生も，同じ経路をたどることになり，クエン酸回路，電子伝達系が用いられます（図 13.8）。脂質の役割には，エネルギーとして利用されるほか，組織を構成する細胞膜の重要な成分として機能することがあげ

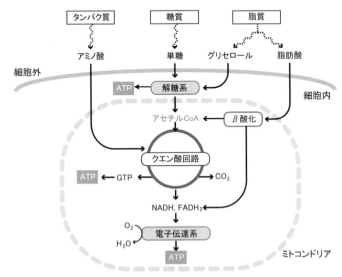

図 13.8　糖質、脂質はいずれもアセチル CoA を経由して ATP を生成する

られます。また，体内に取り込まれる脂質を効率よく運搬するために，胆汁酸の成分としても機能します。

13.3 ミトコンドリアでの脂質燃焼とエネルギー〜β酸化

　糖質（グルコース）からエネルギーを取り出すための，分解過程は解糖系でした。脂質の場合は，リパーゼによって切り離された脂肪酸がミトコンドリアにおいて分解され，エネルギーを発生することになります。

　脂肪酸はまず，ミトコンドリアに**アシル CoA**[*1] として進入します（図 13.9 ①）。そのままではミトコンドリアの内膜を通過できないので，**カルニチン**という物質が運搬役となり，内膜の内側であるマトリックスに招き入れます（②）。その後，カルニチンは分離され，再びアシル CoA が生じます（③）。そして，アシル CoA からは数段階経て，アセチル CoA が発生します（④）。ここまでがβ**酸化**です（β 位の炭素が酸化された）[*2]。

　炭素 2 個分短くなったアシル CoA は，β 酸化を繰り返し，アセチル CoA を発生し続けます。アセチル CoA はクエン酸回路に入り，その後 ATP の生成へ

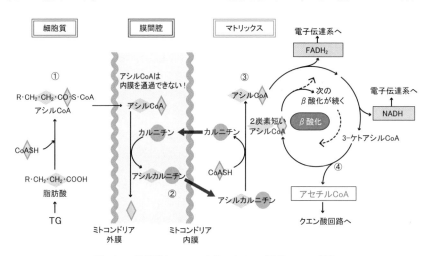

図 13.9　脂肪酸から ATP を作るための「仕込み」：β 酸化

---

*1　脂肪酸が CoA 分子（CoASH）と結合したもので，脂肪酸由来の部分はアシル (R-CO) 基として含まれています。

*2　β 位については 10.1 節の注（127 頁）を参照。
　　COOH を含む 2 つの炭素が切り出され，β 位の炭素の部分が COOH となる（酸化された）。

向かいます。β酸化では，アセチル CoA 以外に NADH，FADH$_2$ が発生し，これらは電子伝達系に入ります。

13.4 生理活性物質

細胞膜にホルモン，サイトカイン，細胞増殖因子などが作用すると，膜の成分として含まれるアラキドン酸が，酵素ホスホリパーゼによって遊離します（図 13.10）。さらにアラキドン酸からは，シクロオキシゲナーゼにより**プロスタグランジン**（PG）や**トロンボキサン**（TX）が生じます。アラキドン酸に別の酵素，リポキシゲナーゼが働くと，ロイコトリエン（LT）となります。このようにアラキドン酸（エイコサン酸）から生成する生理活性物質は**エイコサノイド**[*2] といい，一連の流れをアラキドン酸カスケードといいます。

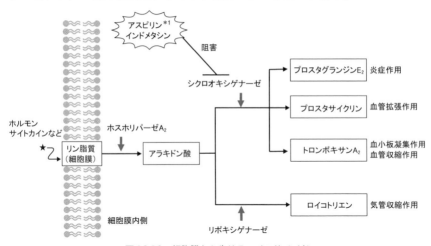

図 13.10　細胞膜から生じるエイコサノイド

13.5 ケトン体の生成

糖尿病や飢餓時，細胞は血液中のグルコースを取り込めず，糖質が利用できなくなっています。このような場合，糖質に代わるエネルギーとして，脂質が

[*1] アスピリンやインドメタシンは NSAIDs（非ステロイド性消炎鎮痛薬）として用いられます。シクロオキシゲナーゼの阻害により、炎症反応に関与している PG の生成を抑えることができます。PG 産生の抑制は解熱作用ももたらします。

[*2] ラテン語で 20 を意味する eicosa に由来します。炭素数 20 のアラキドン酸から産生される生理活性物質の総称として用いられます。

利用されることとなり，その代謝が亢進します（図 13.11）。脂質の代謝が亢進すると，β酸化で生成する多量のアセチル CoA が，クエン酸回路で分解しきれなくなります。そこで余剰のアセチル CoA は，アセト酢酸，3-ヒドロキシ酪酸（β-ヒドロキシ酪酸），アセトンなど，**ケトン体**の生成反応に回ります。また，アセチル CoA の受け手となるクエン酸回路のオキサロ酢酸は解糖系から供給されるので，グルコースが不足している状態では，アセチル CoA の消費が少なくなっています。脳ではケトン体が再びアセチル CoA となり，グルコースの代替エネルギーとして利用されます[*1]。

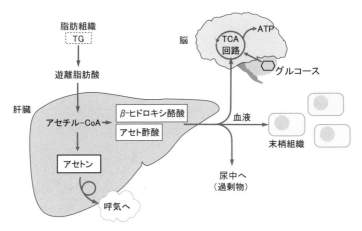

図 13.11　脂質代謝の亢進によるケトン体の生成

13.6　コレステロールの生成

　コレステロールは生体内の膜を作るのに必要なほか，ホルモンや胆汁酸の成分として用いられます。私たちの体内において，コレステロールはおもに肝臓で合成されます[*2]。

　コレステロールの生合成は複雑で，アセチル CoA から出発し，20 以上の反応が積み重なって完成します（図 13.12）。その中でも重要なのが，HMG-CoA[*3]

[*1]　血中に過剰のケトン体が存在する状態をケトーシスといい，ケトン体は尿中に排泄されるか，アセトンへ変化して呼気に排出されます。この血中ケトン体濃度が高レベルに達すると，血中 pH が低下するケトアシドーシスとなります（表 9.5 参照）。

[*2]　からだ全体で 1 日あたり 1.5 〜 2.0 g のコレステロールを合成しています。

[*3]　3-ヒドロキシ-3-メチルグルタリル CoA

からメバロン酸が生成する段階で，生合成に必要な時間はほとんどここで費やされます。このように，一連の連続する反応の中で，最も時間を要する段階は**律速段階**とよばれます。コレステロールの生合成において，律速段階を制御しているのは HMG-CoA レダクターゼ（還元酵素）です。ゆえに，この酵素の阻害剤の投与により，血中コレステロール濃度を下げることが期待できます。実際，本酵素の阻害剤である**プラバスタチン**は，脂質代謝異常症の治療薬として用いられています。

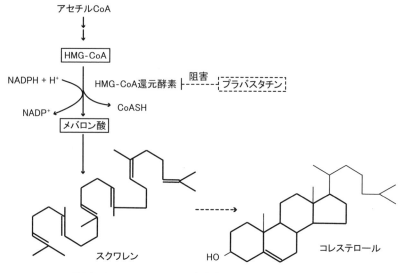

図 13.12　コレステロールの生合成とプラバスタチンの作用点

13.7　胆汁酸

　胆汁酸は食物に含まれる TG を分散（乳化）させ，リパーゼによる分解を促進します。また，TG の分解物であるモノグリセリドと脂肪酸は，胆汁酸とミセルを形成し，吸収されやすくなります。胆汁酸は，肝臓でコレステロールから合成されます。その後，胆管を通って胆嚢に貯蔵され，再び胆管に入り十二指腸に分泌されます。これを**一次胆汁酸**といい（表 13.4）一次胆汁酸はグリシンまたはタウリン[*1] と結合して胆汁中に含まれます。一次胆汁酸は腸内細菌

---

*1　タウリンの化学式　$H_2NCH_2CH_2SO_3H$

表13.4 胆汁酸の種類

分類	胆汁酸の名称	Xに結合する基	Yに結合する基
一次胆汁酸	コール酸	OH	OH
	ケノデオキシコール酸	OH	H
二次胆汁酸	デオキシコール酸	H	OH
	リトコール酸	H	H
	ウルソデオキシコール酸	OH	H

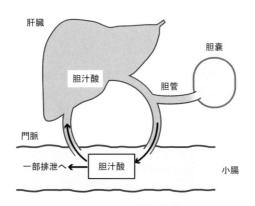

によって, グリシンやタウリンが除去され, デオキシコール酸やリトコール酸などの**二次胆汁酸**を生じます[*1]。

　これらの胆汁酸は90%以上が回腸で再吸収されて門脈に入り, 肝臓を経て, 再び胆管へ出て行きます (図13.13)。このような循環を腸肝循環といいます。残りの胆汁酸は糞便中に排泄され, 失われた分の胆汁酸がコレステロールから合成されるので, 体内の胆汁酸レベルは一定に保たれています。

図13.13　胆汁酸の代謝

13.8　リポタンパク質の代謝

　小腸から吸収された脂肪酸はTGに合成され, さらにアポリポタンパク質と結合して**キロミクロン**となります。キロミクロンは血管内皮にあるリポタンパク質リパーゼ (LPL) の作用を受けて小さくなり, 肝臓に取り込まれます (図

[*1]　生じる二次胆汁酸：コール酸 (一次) →デオキシコール酸
　　　ケノデオキシコール酸 (一次) →リトコール酸、ウルソデオキシコール酸

13.14）。VLDL は肝臓で合成された TG を含み，リパーゼの作用で IDL や LDL となります（図 13.14 下）。LDL はコレステロールの主要な運搬体であり，末梢組織や肝臓に取り込まれます。HDL は組織で使われなかったコレステロールを肝臓へ届ける役割があります。

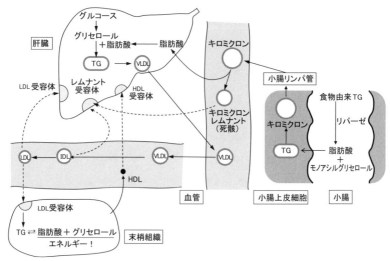

図 13.14　リポタンパク質による脂質の運搬

サイズは，キロミクロン＞ VLDL ＞ IDL ＞ LDL ＞ HDL となる

13.9　脂質代謝異常

血中の脂質が増加した状態は高脂血症とよばれてきましたが，現在では脂質異常症といいます。血中の脂質の中でも，コレステロールと TG は動脈硬化と深く関連しています。TG が 150 mg/dL 以上，LDL コレステロールが 140 mg/dL 以上，HDL コレステロールが 40 mg/dL 以下のいずれか 1 つでも該当すると**脂質異常症**ということになります。このような状態が続くと動脈硬化に発展し，心筋梗塞や脳卒中のリスクが高まります。

脂質異常症は原発性のものと，二次性（続発性）の 2 つに分類できます。原発性のうち，**家族性高コレステロール血症**では遺伝子の変異[*1]が原因で，生

＊1　LDL 受容体の遺伝子が欠損している。

活習慣とはほとんど関係なく発症します。続発性高脂血症では，甲状腺機能低下症や肝がんなどの病気，ステロイドホルモン薬や抗利尿薬が原因となることがあります。

◆まとめ◆

＊脂肪の最も基本である単純脂質は，グリセロールと脂肪酸からできている。脂肪酸はβ酸化反応で大量のATPを生成する。

＊脂肪酸には飽和脂肪酸と不飽和脂肪酸があり，不飽和脂肪酸は室温では固まりにくい性質があり，リン脂質二重層の細胞膜に流動性を与えている。

＊コレステロールは肝臓で合成され，胆汁酸やホルモンの材料となる。

◆章末問題◆

【1】 文章中の空欄に入る適切な語句を答えよ。

（1） コレステロールやビタミン D の分子構造は，共通して（　　）骨格を含む。

（2） 不飽和脂肪酸の炭化水素鎖には，飽和脂肪酸にはみられない（　　）が含まれる。

（3） β 酸化はミトコンドリアの（　　）で起こる。

（4） アセトン，β-ヒドロキシ酪酸，（　　）はケトン体とよばれる。

（5） 肝臓から末梢組織へコレステロールを届けるのは（　　）である。

【2】 脂肪を乳化するのはどれか。（102 回 am27）

　1.　胆汁酸塩

　2.　トリプシン

　3.　ビリルビン

　4.　リパーゼ

【3】 低値によって脂質異常症と診断される検査項目はどれか。（102 回 pm28）

　1.　トリグリセリド

　2.　総コレステロール

　3.　低比重リポタンパク質コレステロール〈LDL-C〉

　4.　高比重リポタンパク質コレステロール〈HDL-C〉

14 タンパク質

　タンパク質は，体の構成成分や，エネルギーとしても利用されます。さらに，アミノ酸は化学変化を受けて体の機能を調節する生理活性物質となります。この章ではタンパク質，アミノ酸がどのように代謝され，それぞれの役割を果たしたあと，どのような形で排泄されるのかを理解します。さらに，タンパク質，アミノ酸代謝異常が原因となる病気についても学びます。

◆この章で学ぶこと

1　タンパク質の消化と吸収
2　睡眠や気持ちを制御〜生理活性物質の原料としてのアミノ酸
3　アミノ酸の代謝〜からだの構成成分とエネルギーへ
4　アミノ酸代謝異常による病気

14.1　タンパク質の消化と吸収
　私たちが食物として摂取するタンパク質は，三大栄養素のほかの糖質や脂質と同じように，消化管で分解されて吸収されます。タンパク質のアミノ酸への分解には，胃液，膵液や腸液に含まれるタンパク質分解酵素が働きます。（図14.1）。大きな分子であるタンパク質は，アミノ酸，ジペプチドやトリペプチド[*1]にまで分解され，小腸において吸収されます[*2]。

14.2　アミノ酸の変化
　10章で学んだとおり，アミノ酸は20種類あります。食物中のタンパク質から

[*1]　アミノ酸が2個あるいは3個つながったもの
[*2]　タンパク質の出入りが等しく，体内の窒素量が一定の状態を，窒素平衡といいます。成長期では
　摂取量＞排泄量 となる「正の窒素平衡」という状態になります。また，飢餓状態，妊婦では「負の窒素平衡」
　がみられます。

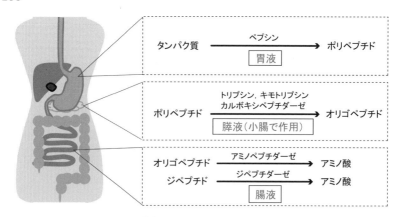

図 14.1　体内におけるタンパク質の消化と吸収

　遊離したアミノ酸は，体の各組織を構成するタンパク質として，また，アミノ酸以外の生理活性物質として変換されます（図 14.2）。さらに，エネルギー生産の原料としても働き，タンパク質 1 g あたり 4 kcal のエネルギーを産生します[*1]。

　組織に吸収されたアミノ酸が，細胞内でどのように代謝されるのか，最も基

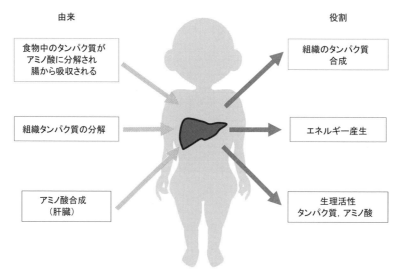

図 14.2　アミノ酸の由来と役割

＊1　栄養欠乏時には，血漿タンパク質であるアルブミンがエネルギー源として機能します。

本的な反応を以下に紹介します。

(1) アミノ基転移反応

アミノ酸のアミノ基は転移酵素によって，α-ケトグルタル酸（図 14.3 のオキサロ酢酸，ピルビン酸）に移されます。アミノ基転移酵素（トランスアミナーゼ）は，アミノ酸の種類によってそれぞれ異なる酵素が存在します。AST はアスパラギン酸トランスアミナーゼ，ALT はアラニントランスアミナーゼであり，それぞれグルタミン酸との間でアミノ基を移動させます[1]。

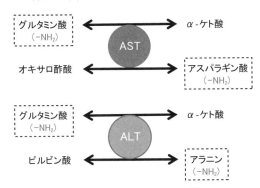

図 14.3 アミノ基転移反応[2]

グルタミン酸からアミノ基（$-NH_2$）が外れると α-ケト酸となる

(2) 脱アミノ反応

肝臓では，様々なアミノ酸のアミノ基転移反応が起きています。これにより生じたグルタミン酸が，さらに脱水素酵素による脱アミノ反応を受け，**アンモニア**を生成します（図 14.4）。アンモニア（NH_3）は肝臓に送られ，尿素回路において最終的に尿素となり，無毒化されます。

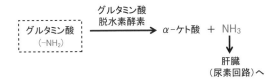

図 14.4 脱アミノ反応

---

*1 これらの酵素（AST/ALT）は肝臓や筋肉の細胞内に存在しており，これらの組織が何らかのダメージを受けた場合，血中に漏れ出てくるので急性肝炎や心筋梗塞の診断に用いられます（16 章参照）。

*2 アミノ基（$-NH_2$）が分子間で移動（転移）することで異なるアミノ酸分子が生成します。

（3）脱炭酸反応

アミノ酸に含まれるカルボキシ基が外れ，二酸化炭素を生成する反応を脱炭酸反応といいます。カルボキシ基を失うと，アミノ酸は**アミン**（amine）とよばれる物質となります（図14.5）。アミンには，**カテコールアミン**（アドレナリン，ドーパミンなど），**セロトニン**といった神経伝達物質や，**ヒスタミン**などアレルギー反応を起こすような物質が知られています。

図14.5　脱炭酸反応

14.3　生理活性物質の生成

アミノ酸の脱アミノ反応や脱炭酸反応により，様々な生理活性物質が生成します（表14.1）。

表14.1　アミノ酸から生成する物質

アミノ酸	生理活性物質（はたらき）
ヒスチジン	ヒスタミン（神経伝達，炎症）
チロシン	アドレナリン，ドーパミン（神経伝達），メラニン（色素），チロキシン（ホルモン）
トリプトファン	セロトニン（神経伝達），NAD（補酵素）
グルタミン酸	γ-アミノ酪酸*（神経伝達）
グリシン	ボルフィリン（ヘムの成分）
グリシン グルタミン アスパラギン酸	プリン，ピリミジン（核酸の成分）

＊ GABA（gamna amiro butyric acid）

（1）メラニン，アドレナリン，ドーパミン

フェニルアラニンからはチロシンを経て，**ドーパ**（dopa）が生成されます（図14.6）。ドーパからは**メラニン**（melanin）や**ドーパミン**（dopamine）が生成します。図中の▲では，代謝酵素の欠損により生じる疾患を示しています。メラニンの

合成酵素が欠損すると**白皮症**（Albinism）となります。ドーパミンはパーキンソン病と関連する物質です[*1]。

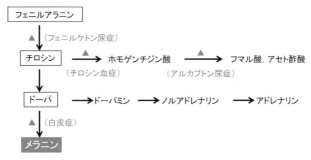

図 14.6　フェニルアラニン，チロシンの代謝

（2）幸福感を増す「セロトニン」，睡眠ホルモンの「メラトニン」

　トリプトファンからは神経伝達物質である**セロトニン**（serotonin）が作られ，自律神経を整え幸福感をもたらします。また，トリプトファンからは，日周リズムに関係する**メラトニン**，補酵素である **NAD** も生成します（図 **14.7**）。トリプトファン不足で，ナイアシン摂取が少ないとペラグラ（ナイアシン欠乏）となり，皮膚炎や抑うつ状態となります。

図 14.7　トリプトファンの代謝

（3）ヌクレオチド

　DNA や RNA など核酸の成分であるヌクレオチドは，糖（リボース），リン酸，塩基の 3 つから成り立っています。この塩基部分はアミノ酸から生成されます[*2]。これらの部品を用いてヌクレオチドが生成する経路を *de novo* 経路（新生経路）といいます。さらに，ヌクレオチドに含まれる塩基は核酸としての役

[*1]　脳の黒質部分の神経細胞が減少し，ドーパミンの濃度が低下します。ドーパミンの減少により，動作が遅くなり，体の緊張が高まることがあります。

[*2]　リボースとして，ペントースリン酸経路（12 章参照）で生じるリボース-5-リン酸が用いられます。

目を終えると分解されますが，完全に分解される前に再利用されて，再びヌクレオチドとして生成されることがあり，これをサルベージ経路（salvage pathway; 再生経路）といいます（図 14.8）。プリン塩基（**プリン体**）は最終的に**尿酸**となり，大部分が尿中（一部は糞便中）に排泄されます。

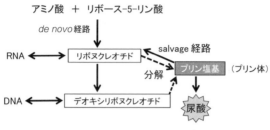

図 14.8　ヌクレオチドの代謝

　プリン体を多く含む食品の摂取や，腎臓における排泄機能が低下した場合，血中の尿酸濃度が高くなります。健康な人では 7.0 mg/ dL 以下ですが，これを超えると関節中に結晶として析出しやすくなります。白血球は尿酸の結晶を排除しようとして様々な炎症性物質を放出するので，関節付近が腫れ上がり**痛風**（gout）となります。痛風では，発作を抑える**コルヒチン**のほか，尿酸排泄促進薬や尿酸生成阻害薬が用いられます（図 14.9）。

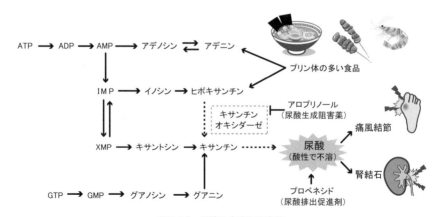

図 14.9　尿酸の生成と治療薬
（キサンチンオキシターゼは ••••▶ の反応にかかわっている。）

（4）クレアチン

　脳，骨格筋に含まれるエネルギー物質としてクレアチンリン酸があります。腎臓において，アルギニンとグリシンによりグアニジノ酢酸が生成し，その後，肝臓において**クレアチン**となります。クレアチンは血流により脳，骨格筋に入り，クレアチンリン酸に変化します（図 14.10）。クレアチンリン酸の一部はリン酸（図中の$Ⓟ$）を放出して**クレアチニン**に変化し，尿細管でほとんど再吸収されずに排泄されます[*1]。一方，クレアチンはほとんどが再吸収されます。ところが，進行性筋ジストロフィーや多発性筋炎による筋肉の消耗時には，クレアチンの尿中排泄量が増加します。

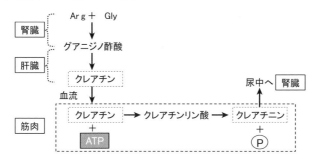

図 14.10　クレアチンとクレアチニンの生成

14.4　尿素回路

　アミノ酸からアミノ基が切り離されるとアンモニアを生成します。アンモニアは中枢神経に毒性を示すため，肝臓にはこれを無害化する**尿素回路**という仕組みが備わっています。アンモニアは肝臓に運ばれると，二酸化炭素と反応してカルバモイルリン酸となり，次にオルニチンと反応します（図 14.11）。尿素回路の最終段階ではアルギニンから，**尿素**（urea）とオルニチンが生成します。無毒な尿素は腎臓から尿中に排泄され[*2]，オルニチンは再び尿素回路で用いられます。

[*1] 腎臓に障害があるとクレアチニンの排泄機能が阻害され，血中濃度が上昇することから，腎障害の有無の指標となります。（クレアチニンクリアランス：Ccr）

[*2] 腎臓の尿素排泄機能は BUN（Blood Urea Nitrogen；血中尿素窒素）により評価できます。基準値 9 〜 20 mg/dL

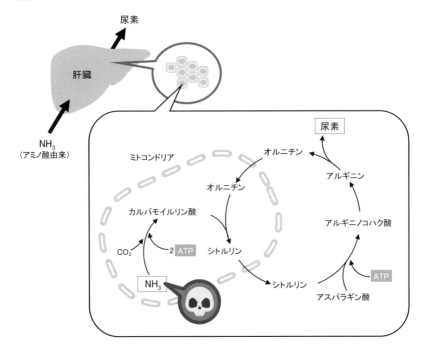

図 14.11　尿素回路

遺伝的に尿素回路の酵素に欠損があると，血液中のアンモニアの濃度が高くなり，**高アンモニア血症**を生じます。このような先天性高アンモニア血症では中枢神経症状がみられ，重篤な場合は死に至ります。後天性高アンモニア血症では，肝硬変や肝がんなどによって尿素回路の不全が起こり，脳機能障害，肝性昏睡につながります。

14.5　エネルギー源としてのタンパク質

食物や組織の分解によって生じたアミノ酸は，エネルギーの生成に用いられることがあります。エネルギー代謝におけるアミノ酸は，2 つのグループに分けられます（図 14.12）。一つは，糖新生という経路でグルコースを生じる，**糖原性アミノ酸**というグループです。ピルビン酸に変化したり，クエン酸回路に入ることで最終的にグルコースに変換されます。もう一つは，**ケト原性アミノ酸**というグループで，アセチル CoA に変換され，脂肪酸やケトン体を生じます。

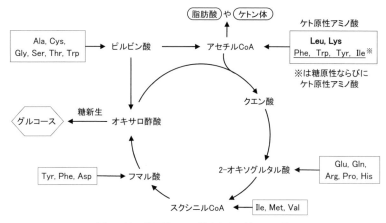

図14.12　糖原性アミノ酸とケト原性アミノ酸

　実際には純粋なケト原性アミノ酸はリジンとロイシンのみです。フェニルアラニン，チロシン，トリプトファン，イソロイシンはアセチルCoA，グルコースいずれにも変化するので，ケト原性かつ糖原性アミノ酸となります。そのほかのアミノ酸は糖原性アミノ酸です。

14.6　アミノ酸代謝異常

　食物から摂取される必須アミノ酸のうち，その半分近くが分岐鎖アミノ酸（BCAA）[*1] とよばれるグループで，バリン，ロイシン，イソロインが含まれます[*2]。細胞内ではアミノ基転移酵素のはたらきで，α-ケト酸（2-オキソ酸）を生成し（14.2節参照），さらに脱水素酵素の作用で分解されます。しかし，この脱水素酵素が欠損していると，α-ケト酸を蓄積することになり，**メープルシロップ尿症**とよばれる脳障害を引き起こします。

　メープルシロップ尿症以外にも，アミノ酸の代謝に関わる酵素の遺伝子が変異し，正常な代謝が行われないことがあり，これらを**先天性アミノ酸代謝異常症**といいます。表14.2にあげたように，フェニルケトン尿症，ヒスチジン血症，ホモシスチン症などがあり，マススクリーニングにより検出されます[*3]。

---

*1　BCAA : Branched chain amino acid
*2　各分子の化学構造は枝分かれしています（10章の表10.2参照）。
*3　新生児の血液をろ紙にしみこませて行うガスリー法は、6つの疾患について行われてきました。現在は質量分析計を用いたタンデムマススクリーニングにより、さらに多くの疾患が検査できます。

表14.2　先天性アミノ酸代謝異常症

疾患名	症　状	関連する物質※	酵素遺伝子の変異
メープルシロップ尿症	中枢神経障害，ケトアシドーシス	BCAA とこれらから生成するケト酸（血，尿）	分岐ケト酸脱水素酵素
高アンモニア血症	嘔吐，意識障害	アンモニア（血）	カルバモイルリン酸合成酵素
チロシン血症	肝障害，腎障害	チロシン（血）	4-ヒドロキシピルビン酸酸化酵素
ヒスチジン血症	発達遅延	ヒスチジン（血）	ヒスチダーゼ
アルカプトン尿症	尿褐色化，関節炎	ホモゲンチジン酸（尿）	ホモゲンチジン酸酸化酵素
フェニルケトン尿症	発達遅延	フェニルアラニン（血），フェニルビルビン酸（尿）	フェニルアラニン水酸化酵素
ホモシスチン尿症	中枢神経障害，骨格異常	ホモシスチン（尿），メチオニン（血）	シスタチオニン合成酵素

※（血）は血液への蓄積，（尿）は尿中への排泄を示します。

━━━━◆まとめ◆━━━━

＊タンパク質は消化管（胃，小腸）で分泌される酵素によって，段階的に分解され，最終的にアミノ酸となり，吸収されます。

＊アミノ酸は，神経伝達物質，皮膚色素，炎症物質など多岐にわたる生理活性物質の材料となります。

＊アミノ酸からは最終的に有毒なアンモニアも生成します。無毒化する酵素が用意されており「尿素回路」という化学反応で処理されます。肝臓ではこの尿素回路のはたらきが活発です。

＊生まれつき特定のアミノ酸を分解できない病気では，その代謝に関わる酵素の遺伝子が変異しています。

◆章末問題◆

【1】文章中の空欄に入る適切な語句を答えよ。

(1) アミノ酸は脱炭酸反応により（　　）となる。

(2) メラニン合成酵素が欠損すると（　　）となる。

(3) 神経伝達物質である（　　）はトリプトファンから生じる。

(4) 痛風の発症にはヌクレオチド代謝産物のうち（　　）の蓄積が関係する。

(5) アンモニアが無毒化される生化学的反応は（　　）とよばれる。

【2】血清に含まれないのはどれか。（102 回 pm73）

1. インスリン
2. アルブミン
3. γ - グロブリン
4. β - グロブリン
5. フィブリノゲン

15 遺伝子

　細胞が2つに分裂するとき，それぞれの細胞には同じ遺伝情報が含まれているので，基本的には見た目や性質は同じです。一方，一人のヒトの体には皮膚細胞，心筋細胞，肝細胞，神経細胞など，さまざまな種類の細胞があり，同じ一人分の遺伝子を持ちながら，異なる働きをしています。生命活動そのものである代謝を担うタンパク質が，どのように遺伝情報から生み出されるのかを学びます。また，遺伝子の異常によって起こるがんの発生過程についても理解します。

◆この章で学ぶこと
　1　遺伝子の保存場所について
　2　遺伝子のはたらきはどのようにコントロールされているか
　3　がんと遺伝子の関係について

15.1　遺伝子と DNA

(1) 遺伝情報の流れ

　ヒトを含めた動物，植物，微生物はすべて設計図に従って自分の生命を維持し，子孫を作り出しています。多くの生物の設計図は遺伝情報として DNA（デオキシリボ核酸）というかたちで細胞の核に収納されています（図15.1）。

　全遺伝情報は**ゲノム**[*1] とよばれ，1冊の本にたとえることができます。この1冊から必要な箇所だけを写し取り，からだのパーツとなるタンパク質を作り出す一連の流れを，**セントラルドグマ**（central dogma）といいます（図15.2）。

　2003年，ヒトの全遺伝子配列（ヒトゲノム）が解読され，DNA に含まれる

---

*1　genome：1個体をつくるための全遺伝情報。ヒトの全遺伝情報はヒトゲノムとよばれます。

ATGC の 4 文字に相当する物質の並び方（配列）がデータベースに登録されています。その後，遺伝子として働きそうな部分の位置を確認したところ，ヒト遺伝子の総数は約 22,000 であることが確認されました。

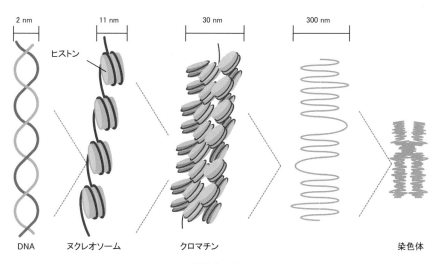

図 15.1　染色体に含まれる DNA

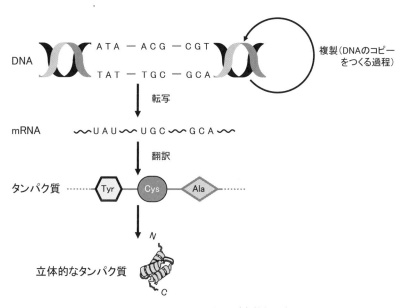

図 15.2　セントラルドグマ〜遺伝情報の流れ

(2) DNA の構成成分

ヒトのゲノムは，30 億個のヌクレオチドとよばれる物質が，鎖のようにつながってできた DNA 分子でできています。その鎖の成分であるヌクレオチドには，**アデニン (A)，チミン (T)**[*1]，**グアニン (G)，シトシン (C)** とよばれる「塩基」が含まれています（図 15.3）。ここに存在する，全遺伝子 1 セットをゲノムといいます。ヒトの場合，23 本の染色体（常染色体 22 本，性染色体 1 本）がゲノム 1 セットに相当します。通常，ヒトの細胞は ゲノムを 2 セット持っているので 2 倍体とよばれ，46 本の染色体として存在しています。すなわち，1 つの細胞が同じ遺伝子を 2 つ持つことになります[*2]。

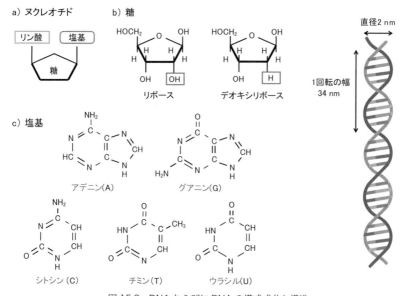

図 15.3　DNA ならびに RNA の構成成分と構造

(3) DNA の中の遺伝子

遺伝子は私たちの体内で働く，タンパク質の情報や RNA の情報を含んでいます。DNA のすべての配列が遺伝子ではなく，遺伝子はその一部分で，DNA

---

*1　RNA では T の代わりにウラシル（U）が用いられます。

*2　生物によってゲノムのサイズだけでなく倍数性も異なり，3 倍体以上のものも知られています。

上に散在しています。さらに，組織（細胞）ごとで異なる遺伝子が働くことにより，それぞれの組織に特徴的な生理作用や形態が生まれます（図15.4）。遺伝子のスイッチが入り，RNAの転写が進み，タンパク質が作られるまでを，遺伝子の発現といいます。

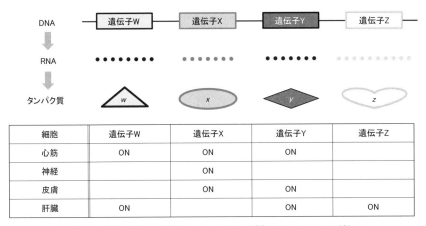

細胞	遺伝子W	遺伝子X	遺伝子Y	遺伝子Z
心筋	ON	ON	ON	
神経		ON		
皮膚		ON	ON	
肝臓	ON		ON	ON

図15.4　組織（細胞の種類）によって異なる遺伝子に "スイッチ" が入る

15.2　DNA の複製

　細胞は分裂前に遺伝子のコピーを作り，これを**複製**（replication）といいます。DNAは核の中の染色体の成分として存在していますが，核内では先に細胞2つ分の染色体が用意され，それから細胞分裂へと進みます（図15.5）。

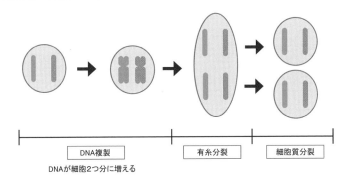

図15.5　細胞分裂に先立ち DNA が複製される

複製ではまず，DNA ヘリカーゼ（巻き戻し酵素）のはたらきにより，二重らせんが部分的にほどけ，一本鎖になります[1]。ここに，DNA ポリメラーゼが DNA 上を動きながら，鋳型 DNA に相補的[2]な A，T，G，C を連結して，新しい鎖（娘鎖）を作っていきます。DNA ポリメラーゼにより，新しい鎖は 5' → 3' 方向に伸長されます。この片方の鎖は連続的に合成され，リーディング鎖とよばれます。これに対して，もう一方の鎖は不連続的にしか合成されません。不連続的に合成される DNA 断片は**岡崎フラグメント**[3]とよばれ，最終的には DNA リガーゼにより連結され 1 本の DNA 鎖となり，ラギング鎖とよばれます。

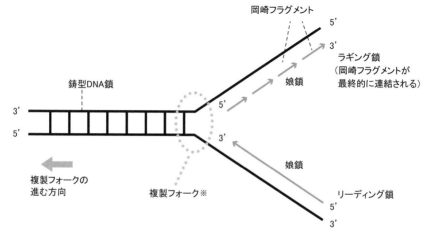

図 15.6　DNA 鎖はそれぞれ連続的／不連続的に合成される
※複製フォークには，DNA ポリメラーゼやヘリカーゼが存在している

もとの DNA は鋳型鎖とよばれ，新しく合成された鎖は新生鎖または娘鎖とよばれます。複製が完了した DNA には鋳型鎖と新生鎖が 1 本ずつ含まれています（図 15.7）。この状態を**半保存的複製**といいます。

---

[1]　複製は DNA 上に多数存在する，複製起点（ori）から開始されます。
[2]　DNA の二重らせんを構成する別々の鎖の A=T，G≡C の組合せを相補的（complimentary）といいます。
[3]　Okazaki fragment：岡崎令治博士により発見された。

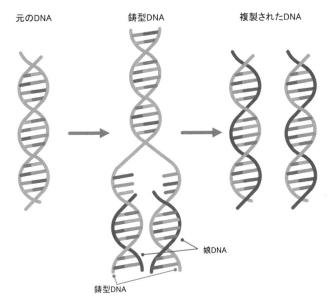

元のDNA　　　　鋳型DNA　　　　複製されたDNA

娘DNA

鋳型DNA

図 15.7　半保存的複製

15.3　転写：RNA の合成

(1) RNA ポリメラーゼによる RNA 合成

　RNA の合成では，DNA の複製と同じく，鋳型 DNA の配列に従って相補的なヌクレオチドが連結されていきます。このような，RNA 鎖が合成される過程は**転写**（transcription）とよばれます。

　転写が複製と異なるのは，DNA ポリメラーゼではなく，**RNA ポリメラーゼ**が合成を行う点と，鋳型 DNA となるのは 2 本鎖 DNA のうち片方の 1 本であることです。さらに，合成酵素である RNA ポリメラーゼは単独で鋳型鎖に結合し，転写を完結することができません。**転写因子**（transcription factor）という別のタンパク質が，DNA 上の**プロモーター**とよばれる場所に結合することで，RNA ポリメラーゼをそこまで誘導したのち，ポリヌクレオチドである RNA の合成がはじまります（図 15.8）。そして，DNA 上のターミネータという配列が現れるまで転写が続きます。

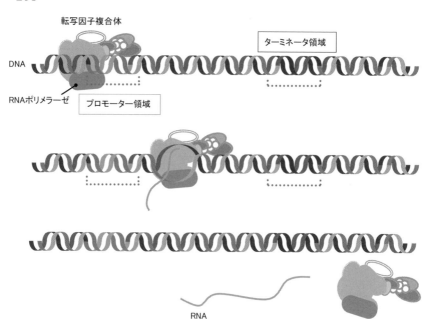

図 15.8　DNA から RNA を作る転写は RNA ポリメラーゼが行う

(2) 修飾とスプライシング

　合成された RNA 鎖は 2 つの修飾を受けます。RNA の 5' 末端にキャップ，3'
末端に polyA[*1] が付加されます（図 15.9）。これらの修飾は細胞質における分解
酵素から保護するはたらきがあり，mRNA がリボソーム上で翻訳に用いられ
るまでの間，分解されるのを防ぎます。

　また，**スプライシング**（splicing）では，**イントロン**（intron）とよばれるタン
パク質の情報を含まない配列（介在配列）が除去されます。タンパク質の情報
となる配列は**エキソン**（exon）とよばれます。そして，エキソン同士がつなぎ
合わされ，mRNA が完成します（図 15.9）。修飾もスプライシングもすべて核
の中で行われます。

＊1　polyA が付加されている mRNA は，核膜孔を通って細胞質へ出ることができます。polyA は細胞質へ輸送
　　される目印になっています。

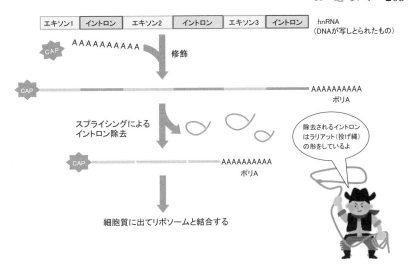

図 15.9　RNA の修飾とスプライシング

15.4　翻　訳

　私たちの体を構成するタンパク質は，自らの体内でアミノ酸から作り上げられたものです。食物由来のタンパク質は，一度アミノ酸にまで分解され，遺伝情報に従って連結され，新しいタンパク質分子として生成します。DNA からRNA が合成される過程は，同じ核酸というグループの物質を使って，情報を写し取るということから，転写とよばれました。しかし，核酸とタンパク質は全く "異なる物質" ですので，タンパク質の合成過程は，ある言語から "異なる言語" に変換することになぞらえ，**翻訳**（transcription）とよばれています（図 15.10）。

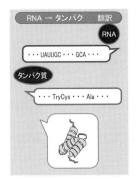

図 15.10　RNA は異なる「言語」であるタンパク質に翻訳される

（1）翻訳の暗号：コドン

DNA から RNA の情報の置き換えは 1：1 でしたが，翻訳では RNA 上の 3 文字の情報が 1 つのアミノ酸を指定しています（図 15.11）。RNA の 3 つの並びを**コドン**（codon）といい，$4^3 = 64$ 個のコドンそれぞれが指定するアミノ酸は（表15.1）のとおりです。

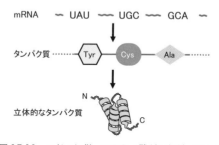

図 15.11　コドンに従ってアミノ酸がつながっていく

表 15.1　コドン表[*1]

		2文字目			
		U	C	A	G
1文字目	U	UUU (Phe)	UCU (Ser)	UAU (Tyr)	UGU (Cys)
		UUC (Phe)	UCC (Ser)	UAC (Tyr)	UGC (Cys)
		UUA (Leu)	UCA (Ser)	**UAA (Stop)**	**UGA (Stop)**
		UUG (Leu)	UCG (Ser)	**UAG (Stop)**	UGG (Trp)
	C	CUU (Leu)	CCU (Pro)	CAU (His)	CGU (Arg)
		CUC (Leu)	CCC (Pro)	CAC (His)	CGC (Arg)
		CUA (Leu)	CCA (Pro)	CAA (Gln)	CGA (Arg)
		CUG (Leu)	CCG (Pro)	CAG (Asn)	CGG (Arg)
	A	AUU (Ile)	ACU (Thr)	AAU (Asn)	AGU (Ser)
		AUC (Ile)	ACC (Thr)	AAC (Tyr)	AGC (Ser)
		AUA (Ile)	ACA (Thr)	AAA (Lys)	AGA (Arg)
		AUG (Met: **Start**)[*2]	ACG (Thr)	AAG (Lys)	AGG (Arg)
	G	GUU (Val)	GCU (Ala)	GAU (Asp)	GGU (Gly)
		GUC (Val)	GCC (Ala)	GAC (Asp)	GGC (Gly)
		GUA (Val)	GCA (Ala)	GAA (Glu)	GGA (Gly)
		GUG (Val)	GCG (Ala)	GAG (Glu)	GGG (Gly)

*1　1 つのアミノ酸に対して複数のコドンが存在していることがあります。これを**縮重**といいます。
*2　AUG は開始（Start）コドンとして機能するとともに "メチオニン" をコードしています。

（2）翻訳の流れ

　核膜孔を通って細胞質へ出てきた mRNA は**リボソーム**と結合します（図15.12）。リボソームは 2 つのサブユニット（60S，40S サブユニット）から構成される 80S リボソームです[*1]。

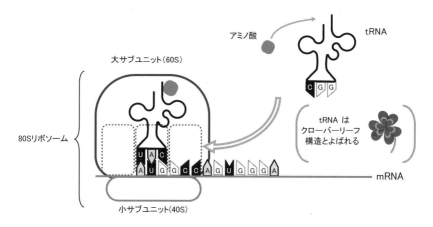

図 15.12　リボソームで mRNA と tRNA が出会い，翻訳が進む

　まず，リボソームと mRNA が結合しているところに，mRNA のコドンに対応したアミノ酸が，tRNA によって運び込まれます（図 15.13：STEP 1）。tRNAはアミノ酸と結合した状態で mRNA のコドンの上に到着後，隣接するコドンに従って先に運ばれてきた別のアミノ酸と結合します。このとき，アミノ酸とアミノ酸の結合には酵素[*2]が作用します（STEP 2）。伸長中のアミノ酸の鎖であるペプチドが結合している tRNA が入っているリボソーム内の空間は P 部位といい，新たに連結されるアミノ酸を運んできた tRNA が入る場所は A 部位といいます（STEP 0）。

　ペプチド鎖は，後から入ってきた tRNA が運ぶアミノ酸と結合することになるので，先にあった tRNA はペプチド鎖を失い，リボソームから遊離します

[*1]　原核細胞のリボソームは 70S（50S，30S サブユニットで構成）です。抗生物質の中には 70S リボソームに作用して翻訳を阻害することで，病原微生物の増殖を抑制するものがあります（クロラムフェニコール，テトラサイクリンなど）。

[*2]　ペプチジルトランスフェラーゼといいます。

（STEP 2 〜 3）。そうするとリボソームはコドン1つ分，mRNAの3'側へ移動し，新しくtRNAを迎えるための空間（A部位）を確保することができます（STEP 3）。そうして次のtRNAがまた新しいアミノ酸を運んで同じことを繰り返し，終止コドン[*1]と出会うまでペプチド鎖が伸長します（STEP 4）。終止コドンは**終結因子**というタンパク質によって認識され，ペプチドをリボソームから放出します。

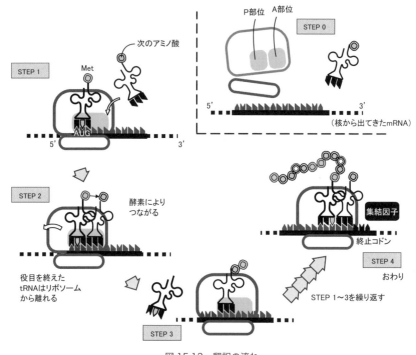

図15.13　翻訳の流れ

15.5　が　　ん

(1) がんとは

　がんは遺伝子が傷つくことで発生します。正常な細胞は周囲の状況に合わせて増殖したり，増殖を抑制したりします。しかし，正常細胞の中にある遺伝子の傷によって，細胞が無秩序に増殖することがあり，このようにできた細胞の

＊1　終止（Stop）コドンは3種類あります。表15.1を参照

塊を**腫瘍**（tumor）といいます。腫瘍は増え方で大きく2つに分類され，**良性腫瘍**と**悪性腫瘍**があります。腫瘍のうち治療が必要な悪性腫瘍が「がん」ということになります。

　悪性腫瘍の細胞では，無秩序に周囲に染み込むように広がり，これを**浸潤**といいます。また血流を介した，体の様々な部位での新しい塊の形成を**転移**とよんでいます。がんはその細胞の種類によって，表 15.2 のように分類されてます。一方，浸潤も転移もみられず，ゆっくりと大きくなるものは良性腫瘍として区別されます。良性腫瘍の場合は，生命に重大な影響を及ぼさないとされています。

表 15.2　がんの分類

分　類		発生する細胞	例	特徴
固形がん	癌	体の表面，臓器の粘膜などを覆っている細胞（上皮細胞）	肺癌，乳癌，胃癌，膵臓癌，前立腺癌，肝細胞癌，大腸癌など	• 浸潤 • 転移 • 塊で増える
	肉腫	骨や筋肉を作る細胞	骨肉腫，軟骨肉腫，脂肪肉腫，平滑筋肉腫など	
造血器腫瘍		白血球やリンパ球などの，血管や骨髄，リンパ節の中にある細胞	白血病，悪性リンパ腫，多発性骨髄腫など	• 悪性リンパ腫では塊ができ，リンパ節などが腫れることがある • 塊を作らずに増える

（2）がんの成り立ち

　体内の正常な細胞からがん細胞への変化は，遺伝子の傷，すなわち変異が引き金になっています。そして，がん化に関係する遺伝子には 2 種類あります。一つは**がん遺伝子**（tumor gene）とよばれるもので，細胞増殖を促進するタンパク質をコードしている DNA 配列です。もう一つは**がん抑制遺伝子**（tumor suppressor gene）で，細胞増殖のブレーキ役として働いているタンパク質をコードしている DNA 配列です。普段は**細胞周期**（cell cycle）の各チェックポイントで，増殖が秩序正しく行われるようコントロールされています（図 15.14）。しかし，これらの遺伝子に変異が生じると，細胞の異常増殖がはじまります。遺伝子変異の発生が，がん抑制遺伝子で起こった場合，劣性変異で異常増殖が起こります[*1]。

---

*1　対立遺伝子（父，母それぞれから受け継いだ同一遺伝子一対）のうち，一方の遺伝子の変化が表現型に変化をもたらすような場合を優性変異といい，両方の遺伝子の変異によって，表現型の変化が生じる場合を劣性変異といいます。

一方，がん遺伝子については，優性変異でがん化が引き起こされます（図15.15）。

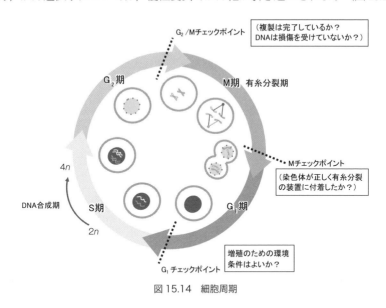

図15.14　細胞周期

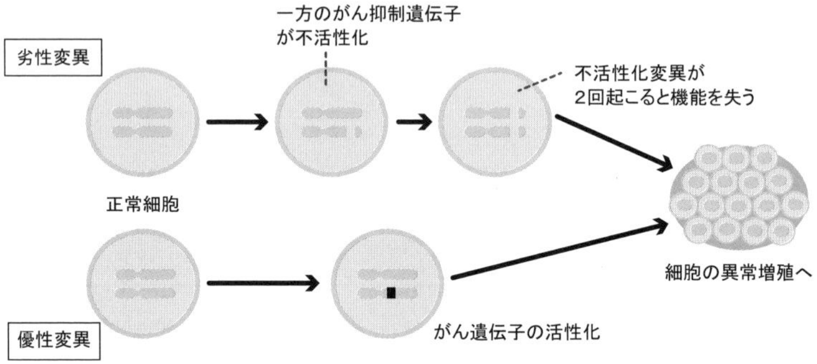

図15.15　がんを発生させる遺伝子の変化

（3）がん抑制遺伝子のはたらき

　がん抑制遺伝子としてよく知られているものに p53 があります。p53 は細胞に対する色々なストレスに対応して，**アポトーシス**（apoptosis）を誘導します。アポトーシスは細胞死の2つのタイプのうちの一つで，プログラムされた細胞死（細胞の自殺）とみなされています（図15.16）。アポトーシスでは，核や細胞の断片化が起こりますが，アポトーシス小体の形成により，細胞の内容物は

流出しません。しかし，もう一つのタイプの細胞死，**ネクローシス**[*1] は外的要因（栄養不足，毒物，外傷など）によるもので，細胞の内容物が流出し，炎症反応を引き起こします。

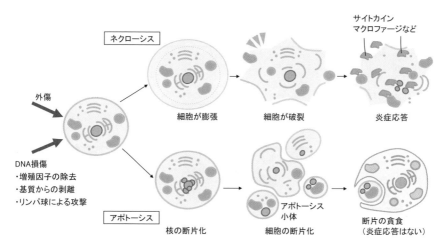

図 15.16　細胞死の 2 つのタイプ

（4）がん細胞の変化

　化学的，あるいは物理的要因により，上皮細胞には良性腫瘍（前がん状態）が生じます。前がん状態から悪性がんへ進んでいくと，血管を経由してほかの臓器に転移します。転移の過程は，原発巣からの離脱，組織への浸潤，血管への進入，血流に乗った移動，血管外への浸出・定着という経過をたどります（図 15.17）。

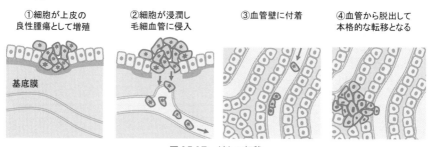

図 15.17　がんの転移

---

*13　ネクローシス（necrosis）は壊死といいます。

（5）がんの原因

　がん遺伝子，がん抑制遺伝子に変化（変異）を生じさせる物質は発がん性物質とよばれます。発がん性物質はなるべく避けるべきです。発がん性物質の亜硝酸ナトリウム（$NaNO_2$）が食肉中の発色剤として用いられているなど，危険性が指摘されているものは身近にもあります[1]。そのほか，タバコの煙，紫外線，放射線，細菌，ウイルスなども遺伝子の変異を引き起こすことが知られています（図15.18）。

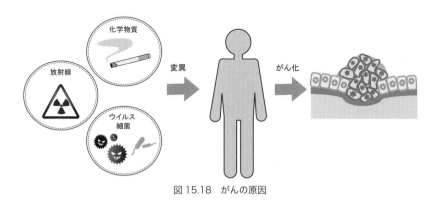

図 15.18　がんの原因

◆まとめ◆

＊遺伝情報は4文字（A, T, G, C）で表現される物質を使ってDNA上に含まれており，ヒト細胞内ではタンパク質に巻き付いて，染色体として存在している

＊DNAの遺伝子配列は，必要な部分だけがRNAに転写される。

＊タンパク質の合成が行われる場所はリボソームで，RNAの情報をもとにアミノ酸が連結される。

＊がんは遺伝子の変異によって発生するが，化学物質，ウイルス，細菌など，変異の原因となるものは様々である。

---

[1]　また，魚や肉が焦げた場合に生じるヘテロサイクリックアミンにも発ガン性があるといわれています。

◆章末問題◆

【1】 文章中の空欄に入る適切な語句を答えよ。

(1) DNA からタンパク質に至る遺伝情報の流れを（　　　）という。

(2) DNA は（　　　）とよばれるタンパク質とヌクレオソームを形成する。

(3) DNA に含まれる糖は（　　　）である。

(4) RNA では DNA のチミンの代わりに（　　　）が含まれる。

(5) 有糸分裂前には DNA が（　　　）され，遺伝子のコピーができる。

(6) （　　　）が完了した DNA には，鋳型鎖と娘鎖が一本ずつ含まれる。

(7) 転写時，RNA 合成を行う（　A　）を，鋳型鎖に結合させるのは（　B　）である。

(8) RNA の（　A　）により，翻訳されない領域である（　B　）が除去される。

(9) 遺伝子の塩基 3 つからなるアミノ酸を指定する暗号は（　　　）という。

(10) 真核生物の 80S リボソームは大きい（　A　）サブユニットと小さい（　B　）サブユニットにより構成される。

【2】 核酸について正しいのはどれか。（100 回 am29）

 1. mRNA がアミノ酸をリボソームへ運ぶ。

 2. DNA は 1 本のポリヌクレオチド鎖である。

 3. DNA には遺伝子の発現を調節する部分がある。

 4. RNA の塩基配列によってアミノ酸がつながることを転写という。

【3】 遺伝子について正しいのはどれか。（103 回 pm27）

 1. DNA は体細胞分裂の前に複製される。

 2. DNA は 1 本のポリヌクレオチド鎖である。

 3. DNA の遺伝子情報から mRNA が作られることを翻訳という。

 4. RNA の塩基配列に基づきアミノ酸がつながることを転写という。

16 医療と生化学

現代の医療では，医師のほか看護師，薬剤師に加え多くの専門職者が協力しながら病気の治療にあたります。これらの専門家だけでなく，医療を受ける側，そして家族や関係者全てにとっても，医療で用いられる技術についてよく知ることは，より良い治療を選択する上で重要となります。この章では，生化学の理論をベースにした診断方法や，近年注目を集めている再生医療，免疫分子を用いた医薬品の概要について解説します。

◆この章で学ぶこと
1 生化学を用いた診断
2 再生医療
3 免疫と医薬

16.1 酵素を用いた診断

血液検査の項目には，血糖値やコレステロール値などとともに，AST, ALT, LDH（LD）など，代謝反応に関わる酵素の値もならんでいます。本来，これらの酵素は，組織（細胞）中に含まれていて，血液にはほとんど存在していませんが，何らかの異常により血液に漏出し増加することがあります。血液中に増加してきた酵素を調べることで，様々な組織や臓器の異常を診断することができます（表16.1）。検査では，確認したい酵素の基質に血清を加えて，その反応の強度から酵素の量（活性）を測定できます。また，タンパク質の形状や所在が異なる一方，同じ基質に作用する酵素である**アイソザイム**[*1]（11.6節参照）の有無については，電気泳動法を用いた検査により得ることができるので，異常が発生している部位をさらに細かく分析することができます。

---

*1 表16.1のなかでは，LDのアイソザイムはLD1～5の5つ，CKのアイソザイムはMB, MM, BBの3つが挙げられている。

表 16.1　診断に用いられる血清酵素

酵素名	略称	数値上昇により得られる情報
アスパラギン酸トランスアミナーゼ	AST	AST, ALT 両方：肝疾患（肝炎，肝硬変） AST のみ：心筋梗塞，多発性筋炎，進行性筋ジストロフィー
アラニントランスアミナーゼ	ALT	
乳酸脱水素酵素	LD	LD1：心筋梗塞，溶血性貧血，筋（赤筋）ジストロフィー LD2 または LD3：白血病」 LD5：肝疾患，筋（白筋）ジストロフィー，皮膚筋炎
アミラーゼ	AMY	耳下腺炎，急性膵炎
クレアチンキナーゼ	CK	MB 型：心筋梗塞，MM 型：骨格筋，BB 型：脳 心筋には MM が 80%，MB が 20%含まれる。血清には BB 型は存在しない。
コリンエステラーゼ	ChE	肝疾患：ChE ↓（生合成量減少） ネフローゼ症候群：ChE ↑（生合成量増加） 有機リン中毒：ChE ↓（有機リンによる酵素阻害）
酸ホスファターゼ	ACP	前立腺がん，乳がんの骨転移時，慢性骨髄性白血病
アルカリホスファターゼ	ALP	肝疾患，骨折，骨疾患（がんの転移，ベーチェット病）

16.2　栄養素・代謝物による診断

前節 16.1 で述べた血液に含まれる酵素以外に，糖や脂質の濃度も診断の手がかりとなり，主なものを以下に紹介します。

（1）糖

血中グルコースは，空腹時 63 〜 103 mg/100 mL となっています。食後は一旦上昇し，インスリンの作用により 160 mg/100 mL となるようにコントロールされています。空腹時が 140 mg/100 mL 以上，食後が 200 mg/100 mL の場合は糖尿病が疑われます。

（2）脂　質

血中 TG[*1] の基準値は 35 〜 150 mg/100 mL ですが，食事の影響を強く受けるので，検査の前日，12 時間は絶食しないと，正確な値を得ることができません。脂質代謝異常症のほか，甲状腺機能低下症，閉塞性黄疸，ネフローゼ症候群で高い値となります。一方，総コレステロールの基準値は 120 〜 220 mg/100 mL ですが，200 mg/100 mL を超えると心筋梗塞のリスクが高くなります。また，甲状腺機能低下症ではコレステロール値が高くなります。

＊1　TG：トリグリセリド（13 章参照）

ほかに，リポタンパク質である HDL や LDL の値も測定されます。LDL コレステロール値[*1] が 140 mg/100 mL 以上になると高 LDL コレステロール血症と診断されます。HDL に関しては動脈硬化を抑える役割があるので，一定値以上が望ましく，40 mg/100 mL 以下の場合は低 HDL コレステロール血症と診断されます。また，動脈硬化指数 （総コレステロール－ HDL コレステロール) / HDL コレステロール　の数値が大きいほど動脈硬化になりやすいと言われています。

(3) タンパク質

血清タンパク質の半分以上は**アルブミン** (Albumin) であり，肝臓で合成されます。肝障害や，栄養不良では血清アルブミン濃度が低下します。また，ネフローゼ症候群では腎臓からアルブミンが大量に排泄されるので，同様に血清アルブミン濃度は低くなります[*2]。

アルブミンの次に多い血清タンパク質は，免疫を担う**グロブリン** (Globulin) です。慢性感染症で免疫系が持続的に活性化されていると，グロブリンの産生が増加するので，血清グロブリン濃度も高くなります。

(4) 尿素窒素

肝臓では尿素回路により，アンモニアから尿素が生成します（14.4 節参照）。血中尿素は**血中尿素窒素（BUN）**として測定されます。尿素は腎糸球体でろ過され，35％ほどが再吸収されます。腎機能の障害のほか，タンパク質の分解の亢進により，BUN は高くなります（基準値 9 〜 20 mg/100 mL）。

(5) 尿　酸

プリン塩基から生成される**尿酸**の血中濃度は，プリン体を多く含む食品（表16.2）の摂取や，腎臓の排泄機能が低下した場合に，高くなります（図 14.9 参照）。尿酸は，血清濃度が 7 mg/100 mL を超えると，関節の中に結晶として析出します。その後，白血球が現れ，様々な炎症物質を放出するので，関節付近が腫れ，**痛風**（gout）とよばれる症状に至ります（192 頁参照）。

[*1]　LDL コレステロール値 = 総コレステロール値－ HDL コレステロール値－ TG/5
[*2]　濃度が 2.5 g/100 mL を切ると，血中の水分が血管外へ滲み出す結果，浮腫が生じたり腹水がたまったりします。

表 16.2　プリン体含量の多い食品（mg/100 g）

豚肉　レバー	284.8	クルマエビ	195.3
カツオ	211.4	生ハム	138.3
サラミ	120.4	ウニ	137.3
牛肉　モモ	110.8	豚骨ラーメン　スープ	32.7
焼きちくわ	47.7	豚骨ラーメン　麺	21.6

帝京平成大学薬学部　金子希代子教授提供の表を一部改変

ビールのプリン体濃度は,
7 mg/100 mL と意外に
少ない!?

(6) ビリルビン

　赤血球は寿命を終えると脾臓や骨髄で分解され，胆汁色素であるビリルビン（Bilirubin）を生成します（図 16.1）。生成直後のビリルビンは水に溶けにくく，**間接型ビリルビン**とよばれます。その後，間接型ビリルビンは肝臓でグルクロン酸抱合により**直接型ビリルビン**となり，水に溶けやすい状態になります。直接型ビリルビンは胆囊に一旦入った後，胆汁に混じって小腸に分泌され，腸内細菌の作用でウロビリノーゲンに変化します。ウロビリノーゲンの大部分は肝臓に入り，ほとんどが分解され，一部は尿中に現れます。腸管内のウロビリノーゲンは糞便中に排出されます。

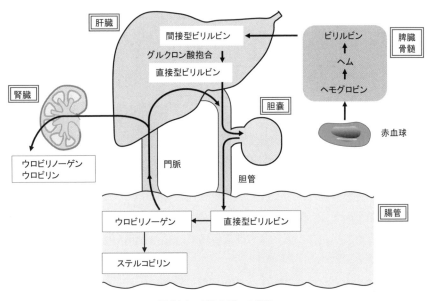

図 16.1　ビリルビンの代謝

血液中のビリルビン濃度は通常 1 mg/100 mL 以下で，これ以上の場合，高ビリルビン血症といいます。ビリルビンの血中増加により，組織は黄色くなり，この症状は**黄疸**とよばれます[*1]。

16.3　遺伝子の診断

(1) 遺伝病

遺伝子のはたらきについては，15 章で解説しました。ここで確認しておきたいのは，遺伝子の異常が，代謝に関わる酵素などタンパク質の機能不全をもたらし，代謝異常症につながるという点です。対立遺伝子のうち，片方だけでも発病する場合は，**優性遺伝病**といいます。一方，対立遺伝子のいずれもが変異遺伝子である場合のときにのみ発病するものを**劣性遺伝病**といいます（表16.3）。

表 16.3　遺伝子疾患の例

	疾患名	欠損遺伝子	特　徴
優性遺伝	家族性腺腫性ポリポーシス	第 5 染色体上の APC 遺伝子	大腸がんへの危険性，良性の大腸ポリープ
	神経線維腫症	第 17 番染色体上のニューロフィブロミン遺伝子	多発性神経人体鞘腫瘍，皮膚色素沈着
	ハンチントン舞踏病	第 4 染色体上の遺伝子座での過剰な CAG の繰り返し配列	成人発症，協調を欠いた動き，認知障害
劣性遺伝	フェニルケトン尿症	フェニルアラニン水酸化酵素の欠損	神経病的異常
	先天性白皮症	チロシナーゼの欠損	UV による皮膚がんの危険性が高い
	嚢胞性線維症	細胞膜輸送系の欠損	呼吸器感染症，膵炎

たとえば，**鎌状赤血球貧血症**では，ヘモグロビン遺伝子に生じた変異により，ヘモグロビン鎖の重合を生じ，赤血球が鎌状に変形します（図 16.2）。6 番目のアミノ酸がグルタミン酸（Glu）からバリン（Val）に置き換わっていることにより生じる現象です。この病気は劣性遺伝病で，対立遺伝子の一方のみの変異では無症状です。

[*1]　間接型ビリルビンの増加は，溶血性貧血，新生児黄疸，肝細胞の障害などでみられます。直接型ビリルビンの増加は，胆管系の閉塞（胆管系のがん，胆石による）にみられ，閉塞性黄疸となります。

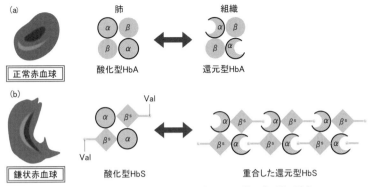

図16.2　鎌状赤血球とその原因であるヘモグロビン鎖の重合

(2) 診断マーカー

　最初に開発された遺伝子診断マーカーに，RFLP[*1]があります。特定のDNA
配列を切断する酵素（制限酵素）により検体のDNAを消化した後，電気泳動
法によりDNA断片の大きさを分析し，正常遺伝子と変異遺伝子を区別します
（図16.3）。ようかんなどの食品材料にも使われる寒天ゲルの端（マイナス極側）
に，検体を注入し電気をかけると，検体中のDNAは反対の端のプラス極に向
かって泳いでいきます。寒天ゲルは網目構造になっているので，小さいDNA

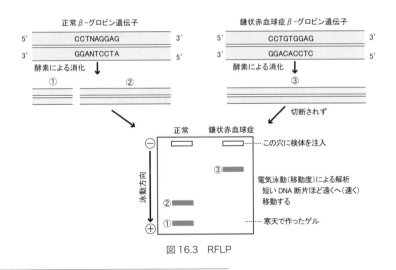

図16.3　RFLP

---

*1　制限酵素断片長多型：Restriction Fragment Length Polymorphism

断片ほど速く移動します。このゲル中での移動距離はDNAの長さと比例します。

さらに，DNAの一塩基のちがいをSNP*¹として検出する方法があります（図16.4）。SNP（一塩基多型;Single nucleotide polymorphism）は体質などにも影響を与えることがあります。医薬品の効果予測にも用いられており，事前にSNPを検査することで，無駄な投与や副作用を回避するのに役立ちます。

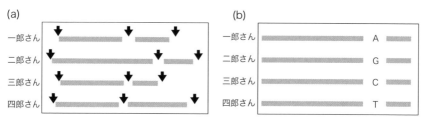

図16.4　RFLP（a）とSNP（b）のちがい

(3) PCR

感染症の流行で社会的にも広く知られるようになったPCR(Polymerase chain reaction)は，微量のDNAやRNAを増幅する技術です。私たちヒトの細胞の中でもDNAは複製されますが，これを試験管の中で短時間に大量に増やすことで，検体中のわずかな遺伝子（ウイルス由来DNAや体内の遺伝子変異など）を見つけ出すことができます。感染の有無やがん遺伝子の変異のほか，薬剤への感受性なども調べることができます。

体内ではDNAが細胞分裂のたびに増え，このDNAの複製は体温で進行します。一方，PCRでは試験管を沸騰に近い環境にすることで2本鎖DNAを1本に分離し，あらかじめ加えておいた酵素DNAポリメラーゼにより特定の遺伝子だけを複製します。この時，検出したい遺伝子の一番端のDNA配列に結合する短い遺伝子配列（プライマー）も混合しておきます。そうすると，目的の遺伝子が存在していれば，プライマーが結合した場所からDNAが増幅されます（図16.5）。一方，目的の遺伝子が存在しなければDNAは増幅されないということになります。

---

*1　一塩基多型：SNPはスニップと読みます。

また，サンプル中の DNA の量を測定できる**リアルタイム PCR** では，プライマーの他にプローブとよばれる断片を用い，PCR 終了後の蛍光量から元の DNA 量を推定します（図 16.6）。細胞への遺伝子導入後のコピー数の解析のほか，SARS-CoV-2 などウイルスの検出や SNP のタイピングに用いられます。

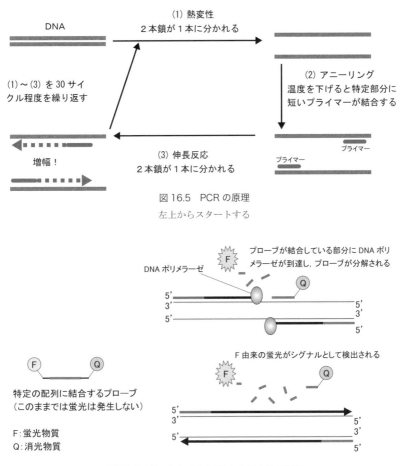

図 16.5 PCR の原理
左上からスタートする

図 16.6 リアルタイム PCR における伸長反応

16.4 再生医療

受精卵などの分化前の細胞を**幹細胞**（stem cell）といいます。幹細胞は，様々な組織，臓器の形成に重要で，多分化能と自己複製能を有しています。発生初

期の胚から分離されたものは，ES 細胞（胚性幹細胞）といいます（図 16.7 右）[*1]。

ES 細胞の多能性に必要な遺伝子が山中伸弥らによって調べられ，ES 細胞とは異なる手法で，幹細胞を作製する手法が開発されました。現在では，皮膚由来の線維芽細胞に，4 つの遺伝子を導入することで iPS 細胞（人工多能性幹細胞）を作ることができます（図 16.7 左）。

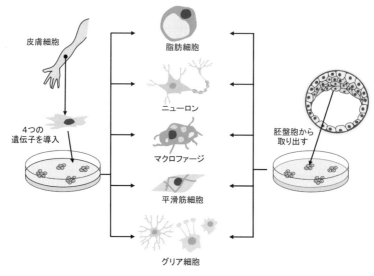

皮膚細胞

4つの
遺伝子を導入

脂肪細胞

ニューロン

マクロファージ

平滑筋細胞

グリア細胞

胚盤胞から
取り出す

図 16.7　幹細胞の作製方法
（左）iPS 細胞，（右）ES 細胞

16.5　遺伝子情報と医薬品

医学の進歩の中で，天然に存在する植物成分や，人工的に合成した物質が医薬品として用いられてきました。遺伝子工学の発展に伴い，遺伝子情報や遺伝子改変技術を用いることで新しいタイプの医薬品開発が行われています。

(1) ゲノム情報

バイオインフォマティクス（生物情報学）により，ヒトのゲノムには約 2 万 2000 の遺伝子が含まれていることが確認されています。さらに，個人間で配列にわずかなちがい（0.1% 程度）があり，1 塩基のちがいは SNP と説明しま

＊1　それぞれの臓器には特徴的な幹細胞（たとえば造血幹細胞）が存在しており，体性幹細胞といいます。

した（16.3 節参照）。30 億塩基のうち 300 万塩基が SNP であるといわれています。ある種の抗がん作用を持つ治療薬では，SNP の情報により，効果や副作用を予測することができます。

（2）抗体医薬（生物学的製剤）

抗体（antibody）の高い抗原親和性を活用して，抗体の医薬品への応用が行われています。動物で作製した抗体をヒトに投与すると異物として認識され，投与した抗体を抗原とした免疫反応を引き起こしてしまいます。そこで，動物由来 IgG（イムノグロブリン G）の抗原認識部位をヒトの抗体に導入するなどして，ヒト化抗体が作られています（図 16.8）。このような手法により作製された分子は**抗体医薬**として，がん，自己免疫疾患などの治療薬（生物学的製剤）に用いられています[1]。

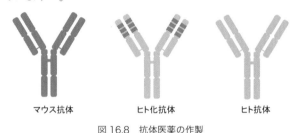

マウス抗体 ヒト化抗体 ヒト抗体

図 16.8 抗体医薬の作製

（3）医薬としての DNA，RNA

1）核酸医薬としての RNA

長さが 20 〜 30 塩基の短い RNA は**スモール RNA** とよばれ，発生，分化，免疫など，色々な生理機能を調節しています。スモール RNA にはマイクロ RNA（miRNA），低分子干渉 RNA（siRNA）などがあります[2]。がんや免疫疾患において，血中に疾患特異的な miRNA が分泌されることがあり，これらをバイオマーカーとした診断法が考案されています。また，DNA 合成に必要な遺伝子を標的とした siRNA を用いた，がん治療効果なども注目されています。

---

[1] 乳がん治療薬のトラスツズマブ（商品名：ハーセプチン），リウマチ治療薬のインフリキシマブ（商品名：レミケード）など。

[2] スモール RNA：siRNA (short interfering RNA) は標的 mRNA の分解や転写を抑制します。miRNA(micro RNA) は標的 mRNA の翻訳を阻害します。

（4）遺伝子治療

遺伝子治療（gene therapy）は，患者の骨髄細胞を取り出し，正常遺伝子DNAを組み込んで体内に戻す方法です（図16.9）。細胞培養の時間や，経済的コストが問題となり，実用例は多くはありません。これまではウイルスベクター[*1]を用いた遺伝子導入が試みられてきましたが，リポソーム[*2]など人工的な分子を用いることで安全性が高まると考えられています。

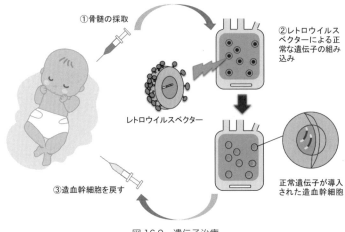

①骨髄の採取

レトロウイルスベクター

②レトロウイルスベクターによる正常な遺伝子の組み込み

正常遺伝子が導入された造血幹細胞

③造血幹細胞を戻す

図16.9　遺伝子治療

◆まとめ◆

＊血清の酵素量の変化（AST，ALT，LDなど）により，臓器や組織の異常を調べることができます。

＊栄養物質や代謝物の血液中の濃度（糖分，脂質，尿酸など）により，病気の診断行うことができます。

＊遺伝子の変異が原因となる病気は，劣性遺伝と優性遺伝の2つのタイプに分類できます。

＊PCRは微量の遺伝子を増幅する技術であり，遺伝子の変異を検出することができます。

＊1　遺伝子を細胞に運ぶDNAや粒子（ウイルス）をベクターといいます。
＊2　細胞膜成分のリン脂質などで作った人工の小胞。

◆章末問題◆

【1】 文章中の空欄に入る適切な語句を答えよ。

(1) 耳下腺炎や膵炎では血清中の（　　）が高値となる。

(2) 前立腺がんや乳がんの骨転移時には血清中の（　　）が高値となる。

(3) （　　）が血液中に増加すると黄疸を生じる。

(4) BUN の値は（　A　）機能や，（　B　）分解亢進を反映している。

(5) 体質などに影響を与える DNA の一塩基のちがいは（　　）とよばれる。

(6) 対立遺伝子の両方が変異遺伝子となった場合にだけ起こる遺伝病を（　　）という。

(7) PCR では（　A　）という酵素により遺伝子を（　B　）する。

(8) 多分化能を有する細胞のうち，発生初期胚から分離されたものは（　A　），遺伝子の導入により作製されたものは（　B　）である。

(9) 抗体医薬は（　　）ともよばれ，がんや免疫関連の病気の治療に用いられている。

(10) 遺伝子治療は，（　A　）を（　B　）に組み込み体内に届ける治療法である。

【2】 次のうち正しいものを選べ。

(1) リアルタイム PCR を使った検査で検出できるものを選べ。

　1. コレステロール

　2. アルブミン

　3. コラーゲン

　4. コロナウイルス

(2) ヒトなどの個体についての全遺伝子情報を表す言葉はどれか。

　1. バイオマーカー

　2. ベクター

　3. ゲノム

　4. バイオインフォマティクス

参考文献

中山尋量, 岩木和夫 編：薬学生のための基礎化学［修正版］（廣川書店）2016

齋藤勝裕 著：メディカル化学－医歯薬系のための基礎化学－（裳華房）2012

矢野一行：放射能泉の温泉医学的効果, 日本温泉気候物理医学会雑誌 第 77 巻 2 号 2014

津波古充朝, 上地真一, 小山淳子 著：マスコミに見る化学（廣川書店）1999

秋本俊二 著：これだけは知りたい旅客機の疑問 100（SB クリエイティブ）2015

国立研究開発法人 物質・材料研究機構：NIMS NOW, Vol.10 No.1 2010

甲斐達夫, 石川洋哉 編：最新 食品学－総論・各論 第 4 版（栄養士テキストシリーズ）（講談社）2016

櫻井和俊ら著：エッセンス！ フレーバー・フレグランス－化学で読みとく香りの世界－（三共出版）2018

南嶋洋一ら著：系統看護学講座 微生物学（医学書院）2014

農林水産省 食料産業局バイオマス循環資源課：バイオ燃料生産拠点確立事業について（平成 26 年 2 月）2014

厚生労働省：ジェネリック医薬品への疑問に答えます〜ジェネリック医薬品 Q&A（平成 27 年 2 月）2015

Scheve 著, 駒野ら訳：ライフサイエンス基礎生化学（化学同人）1987

大阪大学微生物病研究所：病気のバイオサイエンス（大阪大学出版会）1995

奈良信雄 著：病院検査のここが知りたい（羊土社）1998

前野正夫, 磯川桂太郎 著：イラスト生化学・分子生物学（羊土社）1999

香川靖雄 編：生化学 分子から病態まで（東京化学同人）2000

田宮信雄ら訳：ヴォート基礎生化学（東京化学同人）2000

石黒伊佐雄 監修：わかりやすい生化学 第 4 版（ヌーヴェルヒロカワ）2006

香川靖雄, 野沢義則 著：ナースのための生化学・栄養学改訂四版（南山堂）2006

植田充美 監修：抗体医薬の最前線（シーエムシー）2007

鈴木孝仁 監修：生物図録 改訂版（数研出版）2007

野島博 著：生命科学の基礎（東京化学同人）2008

市川厚 監修, 福岡伸一 監訳：マッキー生化学 第 4 版（化学同人）2010

中村桂子, 松原謙一 監訳：Essential 細胞生物学 原著第 3 版（南江堂）2011

吉田たかよし 著：元素周期表で世界はすべて読み解ける（光文社）2012

楠文代, 渋沢庸一 編：なるほど分析化学（廣川書店）2012

近藤昭彦, 芝崎誠司 編著：遺伝子工学（化学同人）2012

田村隆明 著：コア講義 生物学 第 2 版（裳華房）2012

津田道雄 著：よくわかる生化学（金原出版）2012

東京大学生命科学教科書編集委員会 編：理系のための生命科学（羊土社）2013

中山和久 監訳：フロッパー細胞生物学（化学同人）2013

林典夫 監修：シンプル生化学 改訂第 6 版（南江堂）2014

三輪一智, 中恵一著：系統看護学講座 生化学（医学書院）2014

芝崎誠司 著：基本がわかる生化学－代謝と健康の理解のために－（学術研究出版）2022

Halperin, Rolleston 著, 玉井ら訳：症例から学ぶ生化学（東京化学同人）1995

鈴木孝弘 著：新しい物質の科学 改訂 2 版（オーム社）2014

章末問題解答

■1章■

【1】

(1) A；陽子，B；中性子（順不問）C；電子

(2) 周期表（周期律表）

(3) A；9, B；1

(4) A；10^{-6}, B；1

(5) 電子

(6) A；原子番号，B；同位体

(7) 高分子

(8) モノマー

【2】

(1) a.グルコース，b.酢酸，c.ベンゼン，d.シクロヘキサン

(2) 1

■2章■

【1】

(1) A；60, B；80

(2) 7

(3) 小さく

(4) A；1〜2, B；7.35〜7.45

(5) 水素結合

(6) A；塩素，B；トリクロラミン（順不問）

(7) A；親水性，B；疎水性

(8) 引火

(9) A；酸，B；塩基

(10) pH＝3

【2】

(1) 2と4

(2)　4

■ 3 章■

【1】

(1)　A；延性，B；展性

(2)　熱伝導

(3)　銅

(4)　ジュラルミン

(5)　パラジウム（Pd)

(6)　ボーキサイト

(7)　レアアース

(8)　B_{12}

(9)　シスプラチン

(10)　ステント

(11)　一方向

(10)　A；正孔，B；p 型，C；n 型

【2】

ランタン（La)，ガドリニウム（Gd)，スカンジウム（Sc)

■ 4 章■

【1】

(1)　窒素，酸素，アルゴン

(2)　A；ヘモグロビン，B；イオン

(3)　内呼吸

(4)　酸素飽和度（SpO_2)

(5)　活性酸素

(6)　ハーバーボッシュ法

(7)　アミノ酸

(8)　A；一酸化窒素（NO)，B；狭心症

(9)　A；希ガス，B；アルゴン

(10)　ヘンリー

【2】

(1)　100 L

(2)　400 ppm

■5章■

【1】

(1)　A；旨味，B；苦味　（順不問）

(2)　皮膚感覚（痛覚）

(3)　亜鉛

(4)　イソプレン

(5)　シンナムアルデヒド

(6)　ビタミン A

(7)　硫化アリル

(8)　糊化

(9)　メイラード反応

(10)　A；ベンゼン環（芳香環），B；抗酸化

■6章■

【1】

(1)　セルロース

(2)　アミノ酸

(3)　アラミド

(4)　A；エチレン，B；テレフタル酸（順不問）

(5)　ポリエステル

(6)　アクリル

(7)　架橋

(8)　ミセル

(9)　高い

(10)　紫外線

■7章■

【1】

(1)　ウイルス

(2) 原核

(3) 耐性

(4) A；桿菌，B；らせん菌

(5) A；麹菌，B；酵母

(6) ベロ毒素

(7) カーボンニュートラル

(8) 発電

(9) A；細菌，B；ウイルス

(10) アジュバント

■ 8 章 ■

【1】

(1) LD_{50}

(2) A；3，B；医薬部外品

(3) A；一般名，B；ロキソプロフェン

(4) A；アセトアルデヒド，B；酢酸

(5) テトロドトキシン

(6) ソラニン

(7) シアン化水素

(8) がん

【2】

5

■ 9 章 ■

【1】

(1) リン酸結合

(2) 内分泌

(3) 細胞膜

(4) 核内

(5) 甲状腺

(6) 緩衝作用

(7) 呼吸性アルカローシス

【2】

 4

【3】

 4

【4】

 3

■ 10 章■

【1】

 (1)　カルボキシ

 (2)　ヒスチジン

 (3)　A；親水性，B；疎水性

 (4)　ペプチド

 (5)　等電点（pI）

 (6)　A；αヘリックス，B；βシート　（順不問）

 (7)　サブユニット

 (8)　変性

【2】

 1

■ 11 章■

【1】

 (1)　基質特異性

 (2)　至適温度

 (3)　フィードバック制御

 (4)　コファクター（補因子）

 (5)　限定分解

【2】

 3

【3】

 2

■ 12 章■

(1) フルクトース

(2) A；ペントース，B；ヘキソース

(3) 乳酸

(4) A；NADH，B；FADH$_2$ （順不問）

(5) 肝臓

(6) 糖新生

(7) グルコース

(8) 脂肪

■ 13 章■

【1】

(1) ステロイド

(2) 二重結合

(3) マトリックス

(4) アセト酢酸

(5) LDL

【2】

1

【3】

4

■ 14 章■

【1】

(1) アミン

(2) 白皮症

(3) セロトニン

(4) 尿酸

(5) 尿素回路

【2】

5

■ 15 章 ■

【1】

(1) セントラルドグマ

(2) ヒストン

(3) デオキシリボース

(4) ウラシル

(5) 複製

(6) 半保存的複製

(7) A；RNA ポリメラーゼ，B；転写因子

(8) A；スプライシング，B；イントロン

(9) コドン

(10) A；60S，B；40S

【2】

3

【3】

1

■ 16 章 ■

【1】

(1) アミラーゼ

(2) 酸ホスファターゼ

(3) ビリルビン

(4) A；腎臓，B；タンパク質

(5) SNP（一塩基多型）

(6) 劣性遺伝病

(7) A；DNA ポリメラーゼ，B；増幅

(8) A；ES 細胞，B；iPS 細胞

(9) 生物学的製剤

(10) A；正常遺伝子，B；ベクター

【2】

(1) 4

(2) 3

■ 索　引 ■

■ 欧 文 ■

ALT　189
AST　189
ATP　113, 159
BUN　216
COVID-19　89
cell　107
DNA ヘリカーゼ　202
DNA ポリメラーゼ　202
ED_{50}　95
ES 細胞　222
$FADH_2$　159
gout　192, 216
HDL　177, 184
HIV　90
IDL　177
iPS 細胞　222
LD_{50}　95
LDL　177
LED　29
miRNA　223
NAD　191
NADH　159
OTC 医薬品　97
P450　96, 99
PCR　220
PET　69, 75
RNA ポリメラーゼ　203
SAF　88
siRNA　223
SNP　220, 222
vaccine　92
VLDL　177, 184
α ヘリックス　132
β-カロテン　58
β 酸化　178, 179
β シート　132

■ あ 行 ■

アイソザイム　146, 214
悪性腫瘍　209
アクリルアミド　103
アシドーシス　21
アジュバント　92
アシル CoA　179
アセトアルデヒド　99
アデニン　200
アデノシン三リン酸　113

アボガドロ数　47
アボガドロの法則　47
アポ酵素　147
アポトーシス　210
アミン　190
アルカローシス　21
アルゴン　45
アルデヒド基　156
アルブミン　96, 216
アルミナ　27
アロステリック制御　145
アンモニア　40, 189

イオン　3
イオン結合　7
異化反応　111
一次構造　131
一次胆汁酸　182
一酸化炭素　44
一酸化窒素　42
遺伝子治療　224
医療用医薬品　97
陰イオン　7
インスリン　167
イントロン　204
インフルエンザウイルス　89

ウイルス　89
旨味　55

エイコサノイド　180
液晶　77
エキソサイトーシス　116
エキソン　204
エタノール　99
塩化カリウム　54
塩化ナトリウム　54
延性　24
エンドサイトーシス　116
塩味　54

おいしさの構成要素　62
黄色ブドウ球菌　91
黄疸　218
黄銅　26
岡崎フラグメント　202
オルガネラ　81, 111

■ か 行 ■

カーボンニュートラル　87
壊血病　151
外呼吸　38, 164
解糖系　159
界面活性剤　22
化学修飾　145
家族性高コレステロール血症
　184
脚気　148
活性化エネルギー　37, 139
活性酸素　39
褐変　60
カテコールアミン　190
カプサイシン　55
カフェイン　54
鎌状赤血球貧血症　218
カルニチン　179
枯草菌　84
がん遺伝子　209
桿菌　82
還元　8
幹細胞　221
カンジダ　92
緩衝作用　122
間接型ビリルビン　217
関節リウマチ　33
カンピロバクター　83
がん抑制遺伝子　209

貴金属　30
基質　138
基質特異性　138
キシリトール　53
希土類元素　32
基本五味　52
球菌　82
競合阻害　144
狭心症　42
共有結合　7
キロミクロン　177, 183
金属アレルギー　34
金属結合　8
金属原子　7

グアニン　200
空気　36
クエン酸回路　159

グリコーゲン　164
グリセロ糖脂質　175
グリセロリン脂質　174
グルカゴン　167
クレアチニン　193
クレアチン　193
グロブリン　216

形状安定化繊維　70
血中尿素窒素　216
ケト原性アミノ酸　194
ケトン体　181
ゲノム　198
原核微生物　81
嫌気条件　160
原子　1
限定分解　145

高アンモニア血症　194
高エネルギー電子　162
光学異性体　127
好気条件　160
香気成分　56
合金　28
麹菌　85
酵素　137
抗体　223
抗体医薬　223
光沢　24
高分子　66, 107
糊化　60
五大栄養素　58, 107
五炭糖　155
コドン　206
コファクター　147
コルヒチン　192
コレラ菌　91

■■■■■■　さ　行　■■■■■■
最適条件　140
細胞　107
細胞周期　209
酢酸　99
砂糖　62
サブユニット　134
サルモネラ菌　82
酸化　8
三元触媒　30
三次構造　133
酸素飽和度　38
酸素要求性　82

三大栄養素　58, 107
酸味　53

次亜塩素酸ナトリウム　15
ジェネリック医薬品　98
脂質異常症　184
シスプラチン　33
自然発生説　80
失活　147
質量対容量パーセント濃度　18
質量パーセント濃度　17
至適 pH　141
至適温度　140
至適条件　140
シトシン　200
脂肪酸　171
シャルルの法則　48
嗅覚　56
周期表　2
集結因子　208
自由電子　25
縮重　206
出芽酵母　83
受動輸送　115
腫瘍　209
受容体　116
昇華　43
蒸気圧　49
蒸気圧降下　49
常在菌　80
小胞輸送　115
醤油　62
食塩　62
食酢　62
食中毒　91
触媒　41
食物繊維　58
真核生物　81
新型コロナウイルス　89
浸潤　209
親水性　21
親水性アミノ酸　129
真鍮　26
浸透圧　18, 19, 108

水素イオン指数　20
水素結合　13
水溶液　17
スーパーオキシドディスムターゼ　39

ステロイド　174
ステント　30
スピロヘータ　83
スフィンゴ糖脂質　175
スフィンゴリン脂質　174
スプライシング　204
スモール RNA　223

生化学　107
青銅　26
生物学的製剤　34
性ホルモン　174
赤痢菌　91
セルロース　67, 158
セロトニン　190, 191
繊維　66
先天性アミノ酸代謝異常症　195
セントラルドグマ　198

双球菌　83
阻害剤　143
疎水性　21
疎水性アミノ酸　129
ソラニン　103

■■■■■■　た　行　■■■■■■
代謝　58, 110
大腸菌　82
大腸菌 O-157　91
太陽電池　29
胆汁酸塩　177
胆汁酸　174
単純脂質　171
単糖　52, 155
単糖類　155

窒素固定　42
チミン　200
チャネル　115
腸炎ビブリオ　83
直接型ビリルビン　217

痛風　192, 216

鉄鋼　26
テトロドトキシン　102
転移　209
電気伝導性　24
電子　2
電子伝達反応　159

電子伝達物質　162
転写　203
転写因子　203
展性　24
天然痘　92
デンプン　158

同位体　3
同化反応　111
糖原性アミノ酸　194
糖脂質　175
糖新生　165
等電点　130
糖尿病　167
ドーパ　190
ドーパミン　190
毒素　91
トリアシルグリセロール　173
トリクロラミン　15
トリハロメタン　15

■■■■■■ な 行 ■■■■■■
内呼吸　38, 164
ナノ　6

苦味　54
二次構造　133
二次胆汁酸　183
二糖類　155
ニトログリセリン　42
乳酸　160
乳酸菌　82
尿酸　192, 216
尿素　193
尿素回路　193

ネクローシス　211
熱可塑性樹脂　74
熱伝導性　24

能動輸送　114
濃度勾配　114

■■■■■■ は 行 ■■■■■■
ハーバーボッシュ法　40
バイオエタノール　87
バイオディーゼル　87
バイオ燃料　86
鋼　26
白鳥の首フラスコ　81
白皮症　191

発酵　84
半減期　3
半導体　29
半保存的複製　202

非競合阻害　144
ビスコース溶液　67
ヒスタミン　190
ビタミン　148
ビタミン A　58, 151
ビタミン D　152, 174
ビタミン E　152
ビタミン K　153
ビタミン欠乏症　148
必須アミノ酸　127
必須脂肪酸　171
ヒト免疫不全ウイルス　90
ヒドロキシ基　156
百万分率　43
表面張力　14
ピルビン酸　160

ファンデルワールス力　8
フィードバック制御　144
フィードバック調節　118
不競合阻害　144
複合脂質　171
複製　201
沸点　13
ブドウ球菌　83
腐敗　84
不飽和脂肪酸　172
プラズマ　77
プラバスタチン　182
プリン体　192
プロスタグランジン　180
プロモーター　203
分裂酵母　83

平衡　49
ペプチド結合　127
ヘモグロビン　38
ヘリウム　45
変性　134
ペントースリン酸経路　166
ヘンリーの法則　48

ボイル＝シャルルの法則　48
ボイルの法則　47
補因子　147
放射性壊変　4, 46

放射性同位体　3
飽和脂肪酸　172
補酵素　147
ボツリヌストキシン　102
ホメオスタシス　116
ポリエチレン　74
ポリカーボネート　76
ポリフェノール　59
ポリプロピレン　74
ポリマー　9
ホロ酵素　147
翻訳　205

■■■■■■ ま 行 ■■■■■■
マイクロ　6
マラリア　89

ミカエリス・メンテンの式　142
ミセル　72, 177
ミトコンドリア呼吸　164
ミネラル　119
味蕾　52
ミリ　6

メイラード反応　61
メープルシロップ尿症　195
メタンガス　45
メラトニン　191
メラニン　190

モノマー　9, 66

■■■■■■ や 行 ■■■■■■
薬物動態　96

有機 EL　77
有機合成　66
優性遺伝病　218
誘導脂質　171

陽イオン　7
溶液　17
溶解　17
陽子　2
溶質　17
溶媒　17
容量パーセント濃度　18
四次構造　134

▨▨▨▨▨ ら 行 ▨▨▨▨▨

ラウールの法則　49
ラクターゼ　167
ラクトース不耐症　166
らせん菌　82

リアルタイム PCR　221
律速段階　182
リパーゼ　177
リボソーム　207
リポタンパク質　176
両親媒性　22
良性腫瘍　209

両性電解質　130
リン脂質　174

レアアース　32
レアメタル　31
劣性遺伝病　218
レンサ球菌　83

六炭糖　155
ロドプシン　151

▨▨▨▨▨ わ 行 ▨▨▨▨▨

ワクチン　92

著者略歴

芝崎誠司（しばさきせいじ／Seiji Shibasaki）
2001年　京都大学大学院博士課程（合成・生物化学専攻）修了
現　在　東洋大学教授

著書：『Vaccine Design (Springer)』，『遺伝子工学（化学同人）』，『抗体医薬の最前線（シーエムシー）』など

生命の科学　くらしと健康の化学・生化学

2024年 4 月 1 日　初版第 1 刷発行
2024年10月10日　初版第 2 刷発行

　　　　　　　　　　　　　Ⓒ　著者　芝　崎　誠　司
　　　　　　　　　　　　　　発行者　秀　島　　　功
　　　　　　　　　　　　　　印刷者　荒　木　浩　一

発行所　三 共 出 版 株 式 会 社　東京都千代田区神田神保町 3 の 2
　　　　　　　　　　　　　　　　　郵便番号 101-0051 振替 00110-9-1065
　　　　　　　　　　　　　　　　　電話 03-3264-5711 FAX 03-3265-5149
　　　　　　　　　　　　　　　　　https://www.sankyoshuppan.co.jp/

一般社団法人 日本書籍出版協会・一般社団法人 自然科学書協会・工学書協会　会員

Printed Japan　　　　　　　　　　　印刷・製本　アイ・ピー・エス

ISBN 978-4-7827-0830-9